U0270924

"一带一路"建筑工程领域
跨文化教育研究与实践

赵晓红　著

阎学湛　审

中国建筑工业出版社

图书在版编目（CIP）数据

"一带一路"建筑工程领域跨文化教育研究与实践 /
赵晓红著 . -- 北京 : 中国建筑工业出版社 , 2024. 9.
ISBN 978-7-112-30184-3

Ⅰ . TU

中国国家版本馆 CIP 数据核字第 20249GM262 号

责任编辑：率　琦
责任校对：王　烨

"一带一路"建筑工程领域跨文化教育研究与实践

赵晓红　著

阎学湛　审

*

中国建筑工业出版社出版、发行（北京海淀三里河路9号）

各地新华书店、建筑书店经销

北京点击世代文化传媒有限公司制版

北京云浩印刷有限责任公司印刷

*

开本：787毫米×1092毫米　1/16　印张：12¼　字数：251千字

2024年8月第一版　2024年8月第一次印刷

定价：**58.00**元

ISBN　978-7-112-30184-3

　　（43572）

版权所有　翻印必究

如有内容及印装质量问题，请与本社读者服务中心联系

电话：（010）58337283　QQ：2885381756

（地址：北京海淀三里河路9号中国建筑工业出版社604室　邮政编码：100037）

从"小世界"到"世界是平的"

儿歌《这是一个小小世界》(*It's a small world*)是美国谢尔曼兄弟(The Sherman brothers)为美国迪士尼乐园(Disney World)创作的脍炙人口的歌曲。乘坐无人驾驶的小船,缓缓地驶进"小小世界"的石洞门,便看见了世界大同的景象,穿着各国服装的儿童站在小河的两岸,载歌载舞,欢快地唱着:

这是一个充满欢笑的世界	It's a world of laughter
一个充满眼泪的世界	and a world of tears
这是一个充满希望的世界	It's a world of hopes
一个充满恐惧的世界	and a world of fears
无限风光梦想	There is so much we all share
岁月长流不息	it's time that we are aware
总是小小一个世界	It's a small world after all
世界上只有一个月亮	There is just one moon
和一个金色太阳	and one golden sun
人人欢乐地	And a smile means
笑着把友谊传	friendship to everyone
虽说高山把我们分隔开	Though the mountains divide
海洋浩瀚无垠	and the oceans are wide
还是小小一个世界	It's a small world after all

世界正在变小,五大洲已成为一个小世界。始于 2000 年的"全球化 3.0 时代",个人成为主角,肤色不再是合作或竞争的障碍。软件的不断创新、网络的普及、AI 的广泛使用,让世界各地的人们可以通过网络紧密地联系在一起。2005 年,美国新闻工

作者托马斯·弗里德曼在他的《世界是平的》一书中，将全球化的过程表述为从国家到企业再到个人主导全球化融合的过程。经济和信息全球化已经极大地推动了各国、各民族之间的沟通、交流和理解。弗里德曼认为，世界在政治、经济走向全球化的前提下，在科技、互联网等"碾平"世界的几大动力下，会变得越来越"平"。中国设计、英国合作组装的电动巴士，美国设计、深圳组装的手机，意大利设计、中国缝制的时装包袋，中国研制、南非农户使用的大疆无人机，瑞典设计、中国制造的家居用品等，已成为人们日常生活中不可或缺的东西。所有这些产品和服务都已成为日常生活的一部分，一切产品都是人类智慧的结晶。行业与行业之间、公司与公司之间的区分正在慢慢超过国家与国家之间的区分，国家、民族在理念和文化层面正在逐步融合。在实现习近平主席提出的构建"人类命运共同体"理念的过程中，跨文化和跨文化教育起着重要的作用。

本书成因

身为一名有着 33 年高校工作经验的一线教育工作者，日常工作中常常接触来自不同文化背景的同事、朋友、学生，遇到各种各样因不同文化差异产生的问题和矛盾，有的时候矛盾和冲突变得越来越尖锐。尤其是在从事涉外工作的 20 年时间里，中外文化的不同价值取向让身处中国的外国留学生和走出国门访学、留学的师生面临意想不到的困难和困惑。彼时的校长郑文堂教授鼓励我结合实际工作开展教学研究，于是就产生了对跨文化教育的研究兴趣，从此踏上了"不归之路"。

我从 2008 年起开始关注跨文化及跨文化教育，虽然经过数年的学习与研究，亲自为中外学生开设 10 年的《跨文化交流》课程，比较系统地掌握了相关的理论与研究方法，积累了丰富的实践教学经验，但是在本书的写作过程中，仍然不断地遇到这样或那样的困惑与不解。在教学的过程中，我深深体会到跨文化教育对解决不同国家、民族个体行为的重要作用，同时也感受到自己的桥梁作用，更加坚定地认为跨文化沟通和交流是促进和谐、融合的重要纽带。

本书内容

全书共分为 5 章。第一章简要地说明了在"一带一路"倡议下，建筑工程教育的新发展以及对教育领域提出的人才培养多元目标的新需求。第二章分别回顾了国外跨文化教育研究从 20 世纪 40 年代至今的历史发展轨迹，以及国内跨文化教育的历史、现状与困境，为"跨文化教育"概念的生成与研究进程理出了一条清晰的脉络。第三章详细描述了跨文化教育相关概念与核心要素，从人类学、社会学、心理学、精神分析学、社会心理学等不同学科角度对文化差异、身份认同进行分析和阐释，提出了跨文化教育的基本目标是通过增强学习者的跨文化能力，促进文化整合，培养适应全球化 4.0

时代要求的公民。第四章在总结我国"一带一路"倡议 10 年主要成果和跨文化交流特征的基础上，提出建筑工程领域跨文化教育的三大目标：知识目标、态度目标、能力目标，通过正规途径的跨文化课程设置和跨文化技能培训，以及非正规途径的培养跨文化能力的各种活动实施跨文化教育实践。第五章专门探讨来华留学生的跨文化适应性问题，提出推动和完善来华留学教育事业发展的五个学校教育层面的实施策略之个人看法与建议。

鸣谢

经过近三年的努力，终于完成了本书的写作。跨文化教育涉及面广，要想准确、深入地理解它，对它进行全面的分析，需要渊博的跨学科知识和深厚的学术修养，这对我来说无疑是一个极大的挑战。本书的总体框架经过较长时间的酝酿、尝试和修改，成文的书稿也经过多次架构和修改，最终形成现在的模样。本书的完成并非全凭一己之力，写作期间我曾得到多方帮助、支持和配合，在此谨向大家表达诚挚的谢意。

我要感谢家人对我的不断鼓励和全力支持。尤其是高龄患病母亲极力克服思念女儿之痛苦，让我倍感自责，更加坚定了努力实现父母之愿望的决心；新近加入我们大家庭的唐瑜穗和皮皮更是我的灵感之源。我还要感谢同事们为完善课程和写作本书所给予的帮助和鼓励。没有毕颖博士的指导和鼓励，我无法顺利完成本书的撰写；同时感谢教务处赵琳琳、文法学院陈品给予我的课程支持，感谢唐道莹、陈威在材料准备过程中的大力帮助，还有一直以来帮助和支持我的各位北京建筑大学的同事和学生，他们的远见卓识给了我很多的启发。最后，我要感谢中国建筑出版传媒有限公司的率琦编辑，他的不懈努力和倾力支持使本书能以最快的速度出版。

与此同时，我郑重声明，若本书中存在任何疏漏、不足和谬误，一切责任均由我本人承担。

赵晓红

于北京西城

2024 年 6 月

目 录

CONTENTS

03

第三章　跨文化教育相关概念与核心要素

04

第四章　“一带一路”倡议下建筑工程领域跨文化教育目标及实践路径

05

第五章 建筑工程领域来华留学生跨文化教育

第一章
"一带一路"倡议下建筑工程教育的背景与目标

第一节　时代背景

2013 年 9 月和 10 月，国家主席习近平在出访中亚和东南亚国家期间，先后提出共建"丝绸之路经济带"和"21 世纪海上丝绸之路"（以下简称"一带一路"）的重大倡议，贯穿亚非欧大陆，东连亚太经济圈，西接欧洲经济圈，途经 65 个国家，得到国际社会的高度关注。"一带一路"倡议是以经济贸易为主要载体、以互联互通为核心概念、以互利共赢为基本目的的跨国战略合作设想。与"一带一路"沿线的国家和地区开展合作，进一步推动了各国在多个领域的建设和发展，互利合作也给中国企业发展注入新的活力，为企业的国际化发展带来新的机遇与挑战。

2023 年正值共建"一带一路"倡议提出十周年，截至当年 6 月，我国已同全球 152 个国家、32 个国际组织签署 200 余份合作文件。如今，我国倡导的合作共赢理念被国际社会普遍接受，"一带一路"已经成为广受欢迎的国际公共产品和推动构建人类命运共同体的重要实践平台。10 年来，"一带一路"建设取得了巨大成就，政策沟通更有力，设施联通更高效，贸易合作更畅通，资金融通更顺畅，文化交流更深入。

一、建筑工程领域新发展

国内建筑工程企业积极践行"一带一路"倡议，拓展各类海外建设项目的投资。随着建筑行业的国际交流合作与竞争日益增多，各大建筑企业紧紧抓住机遇，大力拓展海外市场，与多国签订海外项目合作协议，逐步形成全方位的海外业务领域。2016 年起，中国建筑股份有限公司就已经成为中国在非洲最大的基础设施工程承包商。目前，我国建筑标准仍需要得到国际工程承包市场的进一步认可，以增强国际工程承包市场的竞争力。如果在承接各类建筑工程的过程中将中国标准应用到更多的境外项目中，特别是参与到"一带一路"沿线国家的建设中，得到工程所在国的认同，提升我国建筑企业的国际知名度和影响力，树立企业诚信、负责的良好国际形象，那么企业的核心竞争力就会大大提升，加快中国建筑企业"走出去"的步伐。

二、教育领域新需求

教育文化交流作为促进中国与共建国家"民心相通"的精神桥梁，在推动共建"一带一路"高质量发展的道路上发挥着日益重要的作用。因此，在新形势下，作为高层次人才培养的重要基地，建筑工程类高校要顺应时代的发展需求，大力进行教育教学改革创新，构建面向"一带一路"的建筑工程国际化教学模式，培养建筑工程领域的国际化人才，为国家建设和发展输送新鲜血液，提升我国建筑工程的国际竞争力，为人才强国战略服务。

"一带一路"是跨国经济带之路，沿线国家国情各异，因而迫切需要大批专业水平高、跨文化沟通能力强、熟悉国际规范及标准的复合型人才。基于"一带一路"倡议的要求，以及建筑工程领域人才的独特定位，肩负着培养建筑工程领军人才重任的建筑类高校的人才培养面临着机遇与挑战。

在"一带一路"工程建设中，分析现阶段急切需要的建筑工程人才类型、规模、层次和能力要求，能够为高校准确定位人才培养计划，为企业有效制定符合市场规律的行业标准，为社会培训机构高速整合培养资源。从社会各界培养主体深层次分析建筑工程人才订单性服务"一带一路"倡议的保障机制，具有重大的时代意义。

为适应高等工程教育改革的新形势，我国于2010年启动实施的"卓越工程师培养计划"对纳入"卓越计划"的本科、硕士、博士毕业生应具备的职业价值观、专业知识和专业能力给出了卓越的培养标准。2016年我国成为《华盛顿协议》的正式会员，是机遇也是挑战，在认可了我国工程教育培养水平已经达到国际标准的同时，也预示着在世界工程教育强林中，我国工程教育仍然任重道远。《华盛顿协议》规定的毕业生素质的要求与"一带一路"倡议对工程教育提出的要求不谋而合，即具备工程知识、分析和解决问题的能力、工程设计研发能力、科技知识的运用能力、工程师和社会发展的关系、知识和责任的水平、环境与可持续发展、伦理、个人和团队工作、项目管理和财务、终身学习能力。

2017年教育部首次提出"新工科建设"的概念，正式发布了《教育部办公厅关于推荐新工科研究与实践项目的通知》（教育厅函〔2017〕33号）文件，提出培养适应未来产业发展、支撑新经济发展的应用型人才。"复旦共识""天大行动""北京指南"共同构成了新工科建设的"三部曲"。新工科的内涵是"以立德树人为引领，以应对变化、塑造未来为建设理念，以继承与创新、交叉与融合、协调与共享为主要途径，培养未来多元化、创新型卓越工程人才"。在实践层面，新工科教育以"与未来合作"为核心理念，以立德树人统领人才培养全过程，融合中国特色新文理教育与多学科交叉的工程教育，培养从工程科学发现到技术发明全链条的工程科技创新人才，是一种高度关联、贯通融合、持续创新的新型工程人才培养体系。在教育教学改革实践中，新工科教育强调营造全员、全过程、全方位的"三全育人"新格局，在新工科人才核心素养结构上，注重德、智、体、美、劳全面发展的"五育并举"。新工科教育的内涵在实践中不断丰富和发展。

第二节　多元目标

为适应建筑工程国际化发展的需要，高校要建立起具有国际竞争力的建筑工程人才培养体系，培养出能顺应新时代发展的高水平建筑类国际化人才。在人才培养过程中，需要注重多方面的能力和品性、相关学科的基础知识和技能以及学生的态度和价值观等。

根据"一带一路"倡议，高校需要培养具有国际化视野，通晓建筑行业的国际标准和规则的国际化人才。学者钱佳认为，国际化人才首先要具有国际化的视野，具有较强的国际竞争意识、合作意识和法律意识等，掌握最新的国际化思维理念。建筑类高校不仅要培养学生的国际化意识和胸怀，更要努力提供国际一流的知识和技术，使他们能够及时了解和掌握国际建筑领域最新发展趋势和信息动态，提升专业技术能力，能够在激烈的国际竞争环境中把握机遇，灵活应对多变的复杂形势，迎难而上，抓住建筑企业国际化发展的机遇；能够从全球的角度全方位、多维度地思考问题，以"和平合作、开放包容、互学互鉴、互利共赢"的思路精神作为引领，秉持"一带一路"共商、共建、共享的建设理念，立足大局、放眼全球，牢牢把握国际、国内的政治经济形势，并熟悉"一带一路"沿线国家的政治经济环境和国际大环境，尊重别国的发展道路和社会制度，了解其政治经济体制和法律法规，乃至社会文化习俗，构建以合作共赢为核心的国际合作关系。建筑国际人才不但要通晓国际建筑工程设计、施工、管理的基本程序，还要了解建筑工程国际惯例和国际工程领域相关法律法规，了解行业最新发展动态，不断开拓进取，把握发展方向，这样才能在复杂多变的国际市场立足，增强国内建筑企业的核心竞争力，让这些建筑企业真正"走出去"，拓展发展新空间。

除了扎实的专业技术知识和实践能力外，建筑业国际化人才还要掌握并熟练运用外语，尤其是"一带一路"沿线国家的语言，具备跨文化沟通意识，不但能够运用外语进行交际、解决国际事务，顺畅沟通，促进双方的理解和信任，还要承认并尊重不同文化的差异。在国际建筑业务中出现问题或冲突的时候，国际化人才能够从多维的角度看待和解决问题，分析问题背后可能存在的价值观和社会习俗与规范对合作方的影响，促进跨文化理解和沟通，灵活变通地处理问题，维护国内建筑公司以及所在国和企业的利益，从而实现共赢。

建筑类高校在人才培养的过程中，要把立德树人作为教育的根本任务，明确坚定理想信念和爱国情怀这一基本内涵，并将其融入思想道德教育、文化知识教育、社会实践教育各环节中，树立教育自信、文化自信的理念，正如习近平总书记所指出的那样:"文化是一个国家、一个民族的灵魂"。一流的国际化人才必须具备较强的价值观和民族自豪感,充分理解和认同中国文化,并具备全球化思维。在人才培养的过程中,以及学生未来进入国际工程公司工作后,会不可避免地接触到不同国家和地区的专家、学者和工程人员,受到国外文化和思潮的冲击和影响。因此,高校有必要在人才培养的最早期阶段,在培养全球视野的同时,着重培养学生的家国情怀,树立正确的价值观,帮助他们通过不断学习,提升使命感、责任担当和能力建设,让他们在比较、对照各国文化、思想的过程中,在经受多元文化冲击的同时,仍能坚持社会主义价值观,弘扬以爱国主义为核心的民族精神。以这种方式培养的国际人才在未来与其他国家合作时,就会从有利于国家发展的大局出发,坚定维护国家的利益,并有意识地肩负起文化、科技的输出任务,努力分析、妥善处理国际工程中出现的多方面的复杂问题,积极推进我国建筑工程标准的国际化,争夺国内建筑工程公司在国际建筑行业中的话语权,提高国际竞争力。

创新是高等教育的本质特征,是存在和发展的生命线。教育部党组成员、副部长吴岩认为,建筑类高等院校必须把积极创新、主动创新作为人才培养的基础和重中之重,坚持创新驱动学科发展,促进科技与建筑业各领域结合发展。随着近年来科技革命和新经济的蓬勃发展,国际范围的经济竞争和综合国力的竞争越来越激烈,而能够赢得国际竞争的关键在于科学技术是否先进、国家是否具备具有创新素质的高层次人才,因此人才的创新能力和实践能力迫切需要进一步提升。创新不仅是建筑企业发展的驱动力,更是企业长期持续发展的力量源泉。因此,高校有必要在教学过程中不断更新教学内容和补充教学资源,紧跟时代,及时借鉴国内外建筑领域的最新发展成果,引入具有影响力的建筑专业教程和资料,结合国内现行理念和标准,对教学内容进行改编,使其既能够让学生了解国际领域相关行业的发展动态,开拓视野和思路,又能够培养学生独立思考的习惯,形成自己的见解和判断,敢于质疑,勇于探索,不偏信、不盲从,具备创造性思维和求新求异的精神。

高校在培养创造性思维能力的同时,还可以依托传统优势学科特色,优化创新环境,支持师生参与国际合作。高水平建筑类国际化人才需要解决问题的实践能力,仅仅掌握书本上的理论知识是远远不够的,实践中的应用技能和处理国际事务的实践能力、参与国际竞争与交流的能力尤为重要。因此,高校要着力开发建设高水平建筑实践教学基地,利用国际化的校企合作模式,与多家具有影响力的国际建筑企业建立联系,聘请企业工程技术人员进入课堂教学,引入最新的工程建设案例,拓宽学生的思路和动手能力。此外,创造学生进入建筑企业实习实践的机会,一方面让学生认识到课堂理论的不足,有意识地掌握工程实践知识;另一方面为建筑企业输送人才,根据企业国际化发展需求,量身定制,有侧重地培养相应行业领域的工程实践能力。

第二章

国内外跨文化教育的历史与现状

人类社会已经发展到全球化阶段。从其发展脉络来看，首先在经济领域出现全球化趋势，经济全球化带来政治、文化、信息、交通等领域的全球化。伴随经济全球化的发展，文化在全球范围内呈现出越来越丰富、越来越复杂的趋势。全球化加速世界各民族之间的文化交流，文化交往的增加带来价值观念的冲突与较量，对文化民族性产生冲击。

美国多元文化教育研究先驱詹姆斯·班克斯（James Banks）在其四卷本的《多样性教育百科全书》（*Encyclopedia of Diversity in Education*）中指出，因为移民和迁移引起人口结构的变化，世界各国都面临着文化多样性的问题，包括种族、族群、宗教、语言、社会阶层、性别等各种因素。因此，面对文化多样性的挑战，产生了文化多样性教育。专家学者们依据不同的理论基础及各国国情，提出文化多样性教育的多种不同取向，常见的有"多元文化教育"和"跨文化教育"。

第一节　多元文化教育的衰退

一、多元文化教育

多元文化概念出现于 20 世纪 20 年代，早于跨文化概念，首先在欧美国家的多民族教育中显现出来。多元文化的英文表达为 multi-culture，前缀 multi- 是"多"的意思，从这个英文单词就能明白多元文化指的是人类文化的多样性，涉及语言、风俗、宗教、伦理、民族文化等的多样性，多元文化承认和尊重各种文化的平等呈现。多元文化观认为，一个国家的文化由不同信念、不同肤色、不同语言、不同习俗、不同行为方式的多民族文化组成，所有的文化群体都应得到理解和尊重，彼此间是一种共存共生、相互支持的关系。多元文化是一个强调特定社会中存在多种文化体系的理论，主张不同族群的传统文化和语言都应得到保护和发展。

多元文化教育常出现在多民族国家中，主要是为来自不同社会阶层、民族、种族、文化和性别的学生提供平等、公平的学习机会，尤其是争取少数民族学生在学校里的平等地位，帮助他们顺应或融入主流文化，有更多的机会认识、展现自我价值，开拓视野，平等参与社会活动，提高社会地位，保持和发展各少数民族文化的传承和创新。多元文化教育的核心是在某一国家范围内，保障平等的受教育机会，鼓励和保留各民族文化的遗产，主张在认同文化差异的基础上相互尊重、相互学习、平等共处、共同合作。多元文化教育的使命是保证对各族人民平等和自决权原则的理解，保证对文化多样性的理解，保证民族自我意识的发展；多元文化教育促使受教育者了解各族人民和各个国家从对抗到合作所经历的道路，激发学习者对世界共同体的参与感，培养对世界各族人民的尊重和各种文化之间进行交往的技巧。

2005 年 10 月，第 33 届联合国教科文组织大会通过《保护和促进文化表现形式多样性公约》，对"文化多样性"的定义是，各群体和社会借以表现其文化的多种不同形式，这些表现形式在他们内部及其间传承。这种多样性的具体表现是构成人类各群体和各社会的特性所具有的独特性和多样化。文化多样性是交流、革新和创作的源泉，是人类的共同遗产。

美国国家多元文化教育协会（National Association for Multicultural Education）定义多元文化教育（Multicultural Education）为：多元文化教育是建立在自由、正义、平等、公平和各种文件所界定的人格尊严准则之上的一个哲学概念。它申明我们需要在一个相互依存的世界帮助学生做好承担责任的准备。它承认学校在培养学生应对民主社会的态度和价值观时所起的重要作用，重视文化差异并认可在学生、社区和老师中存在着多元化，通过促进社会公义的民主原则挑战学校和社会中一切形式的歧视。

多元文化教育的隐含观念是，多元文化中有主流文化、非主流文化之分，主流文化和非主流文化在社会上的地位不平等，主流文化占主导、支配地位；多元文化教育以主流文化教育为主，强调的理解、关注和尊重其他文化，使非主流文化适应并尽快融入主流文化，保证主流社会的稳定发展。在多元文化教育实践中，非主流文化作为一种消极的被动性共存，受到来自不同方面的质疑，理想和现实之间存在无法调和的矛盾。20 世纪 90 年代中期，多元文化教育理论和实践发展进入低潮阶段，陷入举步维艰的困境。

二、多元文化教育的衰退

自 20 世纪 50 年代民权运动兴起之后，少数族群的权利，特别是文化权利和教育权利受到各国政府的重视，多元文化主义呈一时之盛。随着全球化与世界民主化进程的不断加深，世界各国都面临"标准化"还是"异质化"、"一体化"还是"多元化"的价值判断与选择，多元文化主义的缺陷开始日益显现。20 世纪末，作为一种政策多元文化主义取向受到广泛质疑，很多学者和政治家都认为多元文化主义的整合政策是失败的，联合国教科文组织、欧盟等国际组织也对多元文化主义提出了或隐或现的批评。21 世纪初，以"9·11"事件为代表的极端恐怖袭击进一步加速了多元文化主义的衰退，多元文化主义过度强调民族文化而相对忽视了公民整合，唤醒了"族群认同"而忽略了"国家认同"。德国政治社会学家乔普克（Joppke）指出，很多国家实施的多元文化主义政策以保护的名义将少数族群隔离起来，有悖于全球化的趋势，缺失公众支持是造成多元文化主义衰退的重要原因之一。

多元文化主义的重要代表人物加拿大哲学家金里卡（Kymlicka）承认"不管是左翼还是右翼，不管是之前实行多元文化主义政策的国家（如英国和荷兰），还是反对多元文化主义的国家（加法国和希腊），都接受'多元文化主义已失败'这一论调"。

在多元文化主义不断遭受诘难的同时，多元文化教育的局限性开始逐步显现。首先，多元文化教育将错综复杂的民族问题、社会结构问题以及权利关系问题过于简单、笼统地归结为文化问题，其理论主张具有一定的折中主义和乌托邦色彩；其次，多元文化教育既想促进文化间的沟通交流，又想保持各文化的纯粹独立，其内在逻辑具有缺陷；再次，面对日益增强的文化多样性，多元文化教育"没能促进不同族群形成共同的身份认同，反而在这一过程中构筑了文化屏障"；最后，多元文化教育强调一切文化平等的主张过于绝对，丧失对愚昧文化、落后文化的价值判断能力。从 20 世纪 90 年代开始，世界各国的多元文化教育改革实践相继遭遇困境，迫使社会各界重新反思多元文化教育思潮有关民族问题、文化问题的主张。为了弥补多元文化主义和多元文化教育的缺陷，以联合国教科文组织为代表的国际组织开始大力倡导一种新的取向"跨文化主义"，跨文化教育自此兴起。

第二节　跨文化教育的兴起

进入 21 世纪后，随着多元文化主义和多元文化教育的衰退，国际组织如联合国教科文组织（United Nations Education Scientific and Cultural Organization，简称 UNESCO）、欧洲委员会（European Commission）和欧盟（European Union）等开始大力倡导跨文化教育。

一、联合国教科文组织对跨文化教育的指导

联合国教科文组织对跨文化教育起到了重要的推动作用。从 20 世纪 80 年代开始，联合国教科文组织越来越意识到全球化对文化发展的影响以及跨文化交流中教育的重要性，组织开展一系列活动，包括发布建议性文件和宣言、传播跨文化教育理念、支持跨文化教育实践活动、进行跨文化教育理论研究等。

20 世纪 90 年代，联合国教科文组织认识到全球化时代教育与文化相联系对当今世界和平发展至关重要，这恰恰是跨文化教育的崇高目标，引起各国、各界学者对这一新思潮的兴趣与关注。1992 年，国际教育大会文件《教育对文化发展的贡献》首次明确、系统地提出跨文化教育的理念，组织一系列跨文化教育实践，探索跨文化教育

的实践方法。1996 年《国际理解教育：一个富有根基的理念》报告称："可以从学校教育、课程与教学过程中进行跨文化教育"，并列举了世界各地跨文化教育的成功案例。

2006 年联合国教科文组织发布《联合国教科文组织跨文化教育指导纲要》，提出更具体的指导方针和实施原则，以应对越来越复杂的国际形势和越来越密切的国际文化交流。在大力提倡和努力推行跨文化教育方面，这一国际机构发挥了重大作用。

基于上述背景，世界各国的文化多样性教育政策出现转向，首先表现在，很多原来实施多元文化教育的国家在官方政策的文件中放弃使用"多元文化"这一概念，以文化多样性教育或跨文化教育取而代之，典型国家有英国和澳大利亚，而在原来实施跨文化教育的国家，如爱尔兰、德国等，也在不断地调整教育政策。总之，跨文化教育已呈现出国际文化多样性教育的趋势。

二、欧洲跨文化教育的兴起

20 世纪 70 年代欧洲的教育活动中，跨文化教育以"跨文化方法"和"跨文化视角"为主。随着欧洲一体化组织从欧共体逐步过渡到欧洲联盟（简称"欧盟"），面对更加开放的人口流动和它所带来的社会多样化挑战，以及多元文化教育政策"无意中"所导致的社会分裂局面，欧盟的教育政策中引入了强调文化互动的跨文化维度。

通过制定和推行包括多样化语言学习、终身学习、职业教育与培训等方面的跨文化教育政策，欧洲委员会和欧盟旨在欧洲范围内，在各文化平等互动以及欧洲公民积极参与社会民主生活的基础上，构建一个被欧洲集体认同的"跨文化大欧洲"。

"跨文化教育"概念在欧洲官方教育政策的演进经历了三个阶段，即 20 世纪 70 年代的萌芽阶段、20 世纪八九十年代的兴起阶段以及 21 世纪初至今的初步发展阶段。与此同时，欧洲出现了推动跨文化教育发展的组织和机构。1984 年"跨文化教育国际联盟"（International Association for the Intercultural Education）成立，在英国召开会议制定"教育与移民文化发展计划框架"，确定英语为统一的交流语言，并出版期刊《跨文化教育》（*Intercultural Education*），在法语地区创建"跨文化研究协会"（Intercultural Research Association）。

跨文化教育更有利于欧洲公民应对多元文化冲突。从 20 世纪 90 年代开始，欧洲持续制定有关跨文化教育与学习的概念框架，并开始实施一系列跨文化教育计划，各成员国转向跨文化教育的政策制定和实践。1995 年 9 月 30 日 ~ 1996 年 9 月 1 日期间实施的"跨文化教育：来自荷兰、德国和奥地利的专家经验交流项目"、爱尔兰开展的"跨文化教育计划"（Intercultural Education Programme）（1996 年 1 月 1 日 ~ 1996 年 12 月 1 日）、1996 年德国教育部开始在学校中讨论跨文化教育的基本理论并探索跨文化教育的实践。90 年代末，"文化合作委员会"（Council of Cultural Cooperation）制定一项长期分阶段实行的"促进民主公民权和人权的教育"计划（Education for Democratic Citizenship and Human Rights）（1997—2009 年），跨文化教育在这项计划中发挥了重要作用。

进入 21 世纪，在欧洲对"跨文化对话"（Intercultural Dialogue）的积极倡导下，欧盟在教育领域制定了具有战略指导性的跨文化政策和计划，并呼吁和督促成员国制定具体的实施措施。同时还与其他国际组织、民间组织积极互动，相互配合，共同推动 21 世纪初欧洲的跨文化教育发展。

欧盟与其他区域和国际组织共同开展了"跨文化对话与预防冲突"（2002—2004 年）计划和"青年人促进和平与跨文化对话"，并于 2003 年与联合国教科文组织等合作召开"欧洲跨文化教育的新挑战：宗教多样性和对话"会议论坛。2005 年正式提出《促进跨文化对话战略》（*Strategy for Developing Intercultural Dialogue*），并于 2006 年9 月和 10 月进行两次修订，当年 12 月 18 日通过第 1983 号"关于 2008 年欧洲跨文化对话年的决议"，对"跨文化对话"的目标、具体措施、资金支持及评估等作了详细规定，用以指导 2008 年开展"欧洲跨文化对话年"活动。

第三节　国外跨文化教育的发展

因为地域、民族、种族的不同，人类自诞生起便拥有不同的文化起源和内涵。随着社会生产的发展，人类在改造自然的同时，也在不断改造着自身所处的社会，由此带来不同文化背景群体的相互交流，产生跨文化交往。跨文化交往的实践是自人类文化产生以来就存在的，跨文化教育是伴随跨文化交往出现的一种教育现象。通过实施跨文化教育，受教育者拥有全面、系统的跨文化认知，并且在正确认知的基础上建立起平等、尊重、理解的态度，在跨文化交往的过程中宽容地与不同文化进行平等的对话，能够更快地融入不同文化的环境中，从而获得跨文化交往的成功。

一、联合国教科文组织跨文化教育发展的阶段分析

跨文化教育于 1992 年由联合国教科文组织正式提出，引起各国的重视，发展成为新的国际教育潮流。然而，跨文化教育的提出并非一蹴而就，它首先建立在世界跨文化教育理论和实践发展的基础之上；此外，联合国教科文组织自身一贯的教育政策和文化立场为跨文化教育的提出奠定了坚实的基础。

联合国教科文组织跨文化教育理念的发展经历以下三个阶段，20 世纪 40 ～ 90 年

代的奠基阶段、20世纪90年代的初步提出阶段、21世纪初的《跨文化教育指南》颁布阶段。

（一）20世纪40～90年代跨文化教育的奠基阶段

自1945年正式成立以来，联合国教科文组织一直致力于通过教育、文化等方面的国际合作，维护世界和平。在教育和文化方面经过诸多的尝试和努力，联合国教科文组织取得了不菲的成就，这些都为跨文化教育的提出奠定了基础。

联合国教科文组织认为，通过教育可以促进不同文化和种族之间的相互理解，依靠教育领域的国际合作能够促进世界和平，实现国际理解。1946年，在首届联合国教科文组织全体大会上，初步确立"国际理解教育"的构想，并作为联合国教科文组织教育领域的重大主题，进行不断的探索和发展。

20世纪50年代，联合国教科文组织曾用"世界共同体教育""世界公民教育"等作为国际理解教育的目标，希望建立一个共同的世界。这些概念带有明显的理想主义色彩。1974年之后，国际理解教育呈现出现实性的特点，关注诸如环境污染、人口问题等人类需要共同面对的现实问题。

自1974年《关于促进国际理解、合作与和平的教育及关于人权和基本自由的教育的建议》提出之后，联合国教科文组织指出，国际理解教育由"了解—态度形成—采取行动—团结一致—国际合作"等环节前后连贯起来，为成员国提供可实施的行动框架以及具体的实施方案。

国际理解教育的主要内容也在不断发展和变化，从提出之初宽泛地强调通过教育培养学生的国际理解精神，促进世界和平，逐步发展为更具体的公民和道德教育、文化教育、研究和解决人类主要问题、国际合作和发展等。具体见表2-1。

20世纪40～90年代联合国教科文组织发布的关于国际理解教育的主要内容　　表2-1

时间	政策	相关内容
1947年	巴黎召开一次国际研讨会	确定国际理解教育的核心观点：理解国际重大问题；尊重联合国国际关系；消除国际冲突的根源，发展对他国的友好印象。 探讨国际理解教育实施的领域，如历史、地理教学，教师培训和教科书的编写
1948年	《青年的国际理解精神的培养和有关国际组织的教学》	提议各国应该鼓励培养青年的国际理解精神，实施的所有教学应有助于学生认识和理解国际团结
	《世界人权宣言》	强调教育的两个基本功能：教育指向人的个性的全面发展以及加强对人权和人的基本自由的尊重；教育要推进不同民族、种族、宗教团体之间的了解、宽容和友谊，并且深化联合国为维护和平而采取的各项行动。 简单理解就是教育要指向人的全面发展以及教育推进理解和世界和平

续表

时间	政策	相关内容
1949 年	《作为发展国际理解工具的地理教科书》	认为所有的教育应该将热爱祖国和理解其他国家相和谐
1965 年	《增进联合国宣言中所倡导的和平、相互尊重和人民之间的理解的宣言》	强调教育在促进和平、团结、国际合作层面的作用
1968 年	《作为学校课程和生活之组成部分的国际理解教育》	向各国教育部提出国际理解教育的指导原则，并从学习活动、数学和科学、生物学等学科的角度提出建议
1974 年	《关于促进国际理解、合作与和平的教育及关于人权和基本自由的教育的建议》	倡导实施国际合作学校教育，提出将文盲、疾病、饥饿、人口、天然资源、环境问题、人类共同的文化遗产等人类共同的课题作为国际理解教育的内容。 这是国际理解教育发展的转折点
1981 年	《国际理解教育指南》	认为国际理解教育的目标是：培养和平处事的人；培养具有人权意识的人；培养认识自己国家和具有国民自觉意识的人；理解其他国家、其他民族及其文化；认识国际相互依存关系与全球存在的共同问题，形成全世界的连带意识；养成具有国际协调、国际合作的态度并能付诸实践
1994 年	《为和平、人权和民主的教育之综合行动纲领》	对国际理解教育进行总结和展望，认为在青少年中开展国际理解教育是为了使青少年在对本民族文化认同的基础上，了解别国历史、文化、社会习俗的产生、发展和现状；学习与其他国家人们交往的技能、行为规范和建立人类共同的基本价值观；学习正确分析和预见别国政治、经济发展状况及其对本国发展的影响；正确认识和处理经济竞争与合作、生态环境、多元文化共存、和平与发展等方面的国际问题；培养善良、无私、公正、民主、聪颖、热爱和平，关心人类的共同发展的情操；担负起"全球公民"的责任和义务。 既是对之前国际理解教育的总结，又为未来国际理解教育的发展指明了方向

为推进国际理解教育，联合国教科文组织还组织开展了诸多的活动，例如，出版教师指导用书和教学材料；组织教学研讨会，编写教科书；设立鼓励和平的教育奖项；组建联系学校项目，等等。联合国教科文组织通过这些实践指导国际理解教育的开展，同时搭建起各国之间教育沟通对话的桥梁，为跨文化教育的开展铺平道路。

国际理解教育和跨文化教育同样强调理解，以及在理解基础上的尊重，最终都是为了维护世界和平。但是，两者又有差异，国际理解教育的内涵不仅包括文化上的理解，还包括对人权问题、环境问题、可持续发展等问题的理解，其理解的范围要超越跨文化教育；跨文化教育拓展了国际理解教育，跨文化教育所指的理解不仅是国际理解，理解其他不同的文化，还包括理解自己的文化，更包括理解过程中相互平等的对话交流，以及理解过程中新文化的发展。

国际理解教育伴随着联合国教科文组织的发展，经历了 70 年的政治、历史变迁。在发展的过程中，联合国教科文组织在宏观层面上通过教育促进国际理解、维护世界和平和安全的主旨没有变；在中观层面上开展的资源和环境保护、尊重和保护生物和文化的多样性、可持续发展等研究主题也在不断丰富；在微观层面上，从教学材料的编写、教科书的设计到教师培训、国际合作等逐步建立起完善的教育实践体系。国际理解教育的发展成果为跨文化教育的提出和发展奠定了基础。

（二）20 世纪 90 年代跨文化教育的初步提出阶段

20 世纪 90 年代，随着美苏两国对立的结束，各国的重点转向应对经济全球化带来的机遇和挑战。在科学技术的强大支撑下，尤其在互联网的发展助力下，文化产业成为全球发展最快的产业之一。各国均意识到文化产业不仅能带来巨大的经济利益，而且作为"软实力"在提升本国国际竞争力和国际影响力方面起着重要作用。

1992 年联合国教科文组织在日内瓦召开国际教育大会第 43 届会议，首次提出"跨文化教育"概念，并对跨文化教育的实施策略提出建议。

联合国教科文组织的"跨文化教育"以尊重文化多样性为目的，利用学校、家庭、社区等广泛的教育途径，促进受教育者养成尊重、理解本国文化和其他文化以及整个世界文化的态度。1992 年国际教育大会提出从国家层面实施跨文化教育的策略，包括加强教育和文化发展战略政策的协调、加强学校在促进跨文化教育方面的作用、重视传媒教育的作用等。

联合国教科文组织提出需要加强正规的和非正规的文化和教育机构之间的合作，促使从事文化工作的人员参与到教育过程中去，在传媒中增加教育节目，在教育资源分配中考虑教育和文化的相互需要。在涉及学校方面，联合国教科文组织明确世界文化发展在学校教学中的地位，要求重视课程中的文化内容，提出通过历史、艺术、道德教育等培养学生跨文化素养，强调教学中跨学科方法的运用，需要关注教师的作用并开展教师培训，加强学校和社区、社会的联系等内容。联合国教科文组织清楚地认识到传媒对人们生活的影响越来越大，提出一方面传媒应该重视为学生和公众制定多样的文化计划；另一方面教育应该使人们对传媒有正确的认识。联合国教科文组织提出的这些建议成为其指导成员国开展跨文化教育实践的指导框架。

在跨文化教育正式提出四年之后，联合国教科文组织于 1996 年发表《国际理解教育：一个富有根基的理念》的报告。报告在对国际理解教育进行回顾和总结之后，明确提出跨文化教育的作用，并介绍相关的跨文化教育实践的案例。报告明确指出："通过跨文化教育培养全球公民是联合国教科文组织联系学校国际网络的教育支柱之一"。

（三）21 世纪初《跨文化教育指南》颁布阶段

20 世纪 90 年代中后期，联合国教科文组织在肯定文化多样性理念的基础上，进一步推进各文明间的跨文化对话（Intercultural Dialogue）。从 1998 年召开"文化发展政策政府间会议"到 2001 年联合国教科文组织大会第 31 届会议通过《世界文化多样性宣言》，联合国大会宣布 5 月 21 日为"世界文化多样性促进对话和发展日"。2005 年 10 月 20 日联合国教科文组织通过《保护和促进文化多样性表现形式多样性公约》，进一步强调通过教育促进实现文化多样性。随后发布的《2008—2013 年中期规划》，包括以"全球化时代联合国教科文组织面临的挑战"命名的一揽子方案，其中就包括促进文化的多样性。从这些报告中我们可以看到，联合国教科文组织努力在尊重文化普遍性和尊重文化多样性之间寻找调和点，这个调和点就是承认普遍伦理和最普遍的人道主义，教育的作用就是培养学习者拥有这些伦理品质。

2005 年联合国教科文组织以"通过切实而可持续的创新措施促进文明和文化间的交流"为主题的会议，提出通过跨文化教育推进跨文化对话的 7 份建议书和 21 个具体政策措施，其中特别敦促制定跨文化教育指南，以供各成员国决策和参考。

2006 年联合国教科文组织发布的《跨文化教育指南》，被认为是实施跨文化教育的阶段性总结，具有里程碑意义。这份报告中明确区分"多元文化教育"和"跨文化教育"，并明确使用"Intercultural Education"一词，表明联合国教科文组织关于治理文化多样性的教育理念已经成熟。

2006 年，《跨文化教育指南》在回顾跨文化教育的相关概念、历史发展脉络后，提出实施跨文化教育的三个指导性原则：

1. 通过向所有学生提供合适的、有效的素质教育尊重不同学生的文化特性。强调学校课程应该建立在学生已有的知识经验基础之上，教学内容和方法应该根据学生特点进行调整，用他们懂得的语言进行教学，帮助他们认识本国的文化。

2. 跨文化教育为每一位学生提供全面积极参与社会所需要的文化知识、态度和技能。这条原则强调通过跨文化教育保证每个人的受教育的机会，营造在非歧视性、安全、和平的学习环境中传授不同的文化。

3. 使每个学生都能为个人、种族、社会、文化和宗教团体之间尊重、了解和团结作出贡献。通过培养学生尊重不同的文化、价值观念和生活方式的差异，在此基础上建立平等对话的可能，从而使用非暴力的方式解决可能存在的文化矛盾和冲突。在这些原则上，联合国教科文组织从课程、教学、评价、教师教育等方面给出具体的实施意见和方法，具有实用性和可操作性。

虽然每个国家的跨文化教育实践有着各自不同的特点，但是以上指导原则均立足于尽量为不同文化背景的学生创造跨文化教育的机会这个基础之上，具有普遍指导意义。联合国教科文组织颁布的《跨文化教育指南》进一步明确了通过文化与教育为世界和平服务的跨文化教育宗旨，也为后续的跨文化教育实践提供了指导框架。

二、欧洲跨文化教育战略

欧洲大陆上的各个国家几乎拥有共同的文明起源，然而在漫长的历史中，经历了无数次的战争，最终形成现有的欧洲大陆的国家形态。自始至终，欧洲各国始终保持着政治、经济、文化的密切交流，形成相互影响、相互依赖的关系。

在经历了两次世界大战之后，欧洲大陆坚定地走向一体化的进程。从欧洲委员会（Council of Europe）到欧盟（European），欧洲一体化的进程不断深入，使得欧洲各国之间的交往更为频繁，这也意味着它们在经济、政治、文化的合作、交流、互动不断深入发展，同时作为一个整体与欧洲之外的其他国家和地区进行交流。因此，欧洲各国更加需要彼此间文化的相互理解和认同。在欧洲发展战略中对于跨文化能力的重视也是其他国家和地区所不及的。

在多元文化主义教育受到批评之后，欧洲主要机构开始关注"跨文化维度"。在欧洲文化合作委员会的推动下，欧洲在1977—1983年之间成立了工作小组，旨在检验关于欧洲教师教育的方法和策略，对实施"跨文化教育"必要性的认识支撑了这一项目的工作。

1983年，在都柏林的一次会议上，欧洲教育部长们一致通过关于移民子女学校教育的决议，强调"跨文化维度"的重要性。1984年欧洲委员会召开会议，在跨文化沟通的基础上发布关于教师教育的建议。自从20世纪80年代中期以来，欧洲委员会在其所支持和促进的各种教育项目中鲜少使用"多元文化"（Multicultural）或"交叉文化"（Cross-cultural）的概念，转而使用"跨文化"（Intercultural）。

1984年，欧洲委员会部长会议通过《欧洲文化目标宣言》（*European Declaration on Cultural Objectives*），呼吁所有成员国和所有组织及公民继承欧洲文化遗产、促进文化创新，培养欧洲公民的各种才能，保障自由，提升个人在社会生活中的参与度等；并指出公民对文化遗产的认识与了解将有助于增强欧洲认同，促进公民交往。因此，需要鼓励和发展促进社会融合的不同形式的活动，在社会中创造各种条件，促进不同传统、文化和宗教的人们更好地相互了解；积极参与欧洲认同的推进，在相互尊重的基础上，推动群体间的相互合作。宣言反复强调在合作和交流的基础上促进不同文化群体之间的相互理解，"跨文化主义"的导向非常明显。

1985年，欧洲委员会部长会议通过"欧洲文化认同"的决议，再次强调文化交流与合作对增强欧洲意识作出的贡献。1992年，欧洲联盟（EU）成立，欧洲各国在经济和政治领域共同将欧洲一体化推向一个新的阶段。欧盟成立之后，对培养"欧洲认同"诉求更为强烈，而创造"欧洲认同"的共同价值观需要欧洲各国更加深入地交流，相互理解和协商。"跨文化主义"则是对此需求的最恰当回应。20世纪90

年代，柏林墙倒塌引发欧洲历史上另一次移民潮，与中东欧国家的交流成为欧洲其他国家所面临的挑战。欧洲委员会就此开展一次基于对话精神的促进中东欧国家之间的信息交流和合作行动。有学者认识到文化、身份和民族都具有动态性和交互性，处于不断演进的过程，也可以被建构。"跨文化维度"再次受到关注和支持。

20世纪90年代，欧洲委员会从"互惠性"定义跨文化教育。跨文化有其教育性和政治性维度，沟通能促进合作和联合的发展，而不是促进冲突、控制、拒绝和排斥的关系。1989年以后，欧洲委员会在考虑人权和少数种群权利的前提下，强化与中东欧的合作并且帮助中东欧发展。其中具有重大意义的是关于"身份"的研究。每个人都有一个包含各种文化元素（价值观、符号、任何类型的文化特征）的复合身份，促进对话和跨文化理解就非常重要。欧洲委员会与欧盟、联合国教科文组织、世界银行、欧洲安全与合作组织、索罗斯基金等联合成立"为民主公民而教育"的项目（1997—2000年，2001—2004年），旨在提升民主社会公民的权利和责任意识、激活现有网络、鼓励并促进公民社会里年轻人的参与。

联合国教科文组织1992年发布的《教育对文化发展的贡献》（*Contribution of Education to Cultural Development*）提出"跨文化教育"概念，但那时的"跨文化教育"尚可与"多元文化教育"通用。1996年联合国教科文组织在《国际理解教育：一个富有根基的理念》（*Education for International Understanding：An Idea Gaining Ground*）中开始将"跨文化教育"与"多元文化教育"区别开来，强调通过跨文化教育促进国际理解，并提出可以在学校教育、课程与教学过程中开展跨文化教育。

2006年联合国教科文组织发布《跨文化教育指南》（*Guidelines on Intercultural Education*），指出跨文化教育的目的是超越被动的共存，通过在多元文化社会中不同文化群体间创建理解、尊重和对话的机会，以发展和可持续的方式共存。这也是欧洲大陆对跨文化教育的终极追求。

2008年，欧洲"跨文化对话年"正式启动，欧洲促进跨文化对话发展到一个新的高潮。《有尊严的平等共存——跨文化对话白皮书》（*Living Together as Equals in Dignity：White Paper on Intercultural Dialogue*）成为欧洲促进跨文化对话战略的纲领性文件，提出跨文化对话有助于防止种族、宗教、语言和文化的分裂，使人们更能够相互团结，创建共同价值，并民主对待各种不同身份的群体。欧洲将从以下五个方面促进跨文化的发展：民主治理与文化多样性的管理、民主公民权的形成与民主参与、跨文化能力的培养、建构跨文化对话空间、开展国际关系中的跨文化对话。

在高等教育领域，欧洲主要制定并实施"伊拉斯谟计划"。该计划分两个阶段，2004—2008年为实施的第一阶段，2008年12月16日欧洲议会和欧盟理事会又通过了关于执行"2009—2013年伊拉斯谟计划"的第1298号决议，旨在通过与第三国家合作，促进高等教育领域的跨文化理解。该计划从2009年1月1日～2013年12月31日实施。

具体通过三个措施进行：伊拉斯谟提高教育质量联合计划，包括硕士与博士项目；欧盟与非欧盟高等教育机构合作计划，以及欧盟高等教育推广计划。该计划强调教育多样性及跨文化教育，为所有人包括有特殊需求的学生提供平等与公平的机会，抵制歧视。2010 年 5 月 11 日欧盟理事会通过了"高等教育国际化决议"，随着越来越多的欧洲高等学校招收来自第三国的学生、欧盟内的交换学生和工作人员跨国的学术和研究合作越来越多，需要提高欧盟内高等教育的跨文化对话，培养学生的跨文化能力和语言能力。

2009 年 5 月，欧盟教育、青年与文化委员会举行会议，讨论通过《至 2020 年欧盟教育与培训合作的战略性框架》，提出未来 10 年欧盟教育与培训合作的总体战略。其中一个目标是促进社会公平与融合，培养公民的主动性，帮助他们成为积极的公民和进行跨文化对话。跨文化教育和培训应该培养所有公民就业、未来学习、公民意识和跨文化对话所需的技能，提升受教育者的跨文化能力、民主价值观和尊重基本人权及适应自然环境的能力，同时与各种形式的歧视作斗争，让受教育者学会与来自各种不同文化背景的人积极交流。

西方国家对跨文化教育的研究也是起步不久，大都处在摸索阶段。因为研究跨文化教育的西方国家大都是移民国家，民族问题比较复杂，他们主要从实践角度研究移民子女或外国留学生在教育中的差异表现、其背后文化所起的作用以及跨文化能力培养，等等。目前在英国、法国、德国、荷兰、西班牙、美国、加拿大、澳大利亚和新西兰，跨文化教育研究成为一种普遍现象。

三、德国跨文化教育在学校中的应用

在世界全球化和欧洲一体化的进程中，德国作为典型的多元文化国度值得深入研究。德国从古至今一直是迁徙者的理想聚居地，但是随着移民的涌入、外国人的增加、难民的流入等，德国陷入了不安定的社会状态中。历史上德国是一个几经分裂，最后才得以统一的国家，所以骨子里有着非常强的种族主义倾向，具有很高的自我统一性和主体性。德国自第二次世界大战结束以来，联邦政府一直致力于促进社会的融合，但是国内仍然存在反对的声音。在多元文化潮流不可阻挡的情况下，德国社会意识到跨文化教育的手段在促进社会融合方面的重要性，因此，如何在多元文化的校园环境中实施教育，是德国政府和教育界非常重视的问题，此外，还多次尝试在多元文化环境中如何保障所有学生（包括外国留学生）的学习，以促进学校教育的发展。

（一）德国多元文化社会的构成

德国是一个多元文化的国家，除了本地人，移民也是德国多元文化社会的重要组成部分。

根据德国政府官方的文件，德国移民既包括德国人，又包括“外国人”，每一个群体又由若干个主要子群体组成（Gerd R. Hoff，1995）。“外国人”（Auslander）这个术语的德语语义学含义是“非德国人的移民”，是指那些来自德国之外的人。2008 年德国政府修改了移民法，规定只要夫妻一方在德国境内合法居留 8 年以上，并且在德国享有居留资格或享有无限制居留权 3 年以上，其子女出生后就能获得德国国籍。这一人群由多个子群体构成，下面分别论述。

1. 移民的德国人

移民的德国人主要分为两个群体：移居者和重新定居者。

移居者包括第二次世界大战至今移居境外的 1200 万人，还包括第二次世界大战后至 1989 年从民主德国迁移到联邦德国的 440 万人，德国社会在融合这些人群方面一直存在着困难。

重新定居者主要是来自苏联、罗马尼亚和波兰等国的德国后裔，也就是指几个世纪前移民到东欧和中亚人烟稀少地区定居的家族后代。20 世纪 40 年代初，随着第二次世界大战的爆发，他们的德国身份受到了强化，纷纷回国。德国欢迎这些人的到来。1993 年，迁移人数降低至 23 万左右，但迁移的浪潮并没有回落。

这些人几乎是一个大家族一起迁移，对德国的情况知之甚少，但是他们迫切希望融合和学习。虽然除了留有一个德裔家族的姓氏之外，几乎找不到任何德裔文化的痕迹，但他们非常好地适应了当地的体制。同时，德国政府也制定了相应的倾斜政策，比如提供相对较高的生活补贴，如果他们接受语言和职业再教育，还会提供大量的奖学金等。

2. 移民的外国人

移民的外国人包括以下几个最重要的群体：客籍工人、寻求避难者和外国留学生或学者。

客籍工人（Guest Worker）是指 1961—1973 年间德国从国外招募的工人，特别是非技术劳工和体力劳工，他们主要来自南欧的地中海国家和土耳其。

20 世纪 50 年代中期，随着经济的蓬勃发展，德国开始招募大量的劳动力，主要是来自民主德国以及波兰和捷克斯洛伐克的德国人。

今天的德国，非德国人口中客籍工人的 1/3 是土耳其人，1/3 来自希腊、意大利、西班牙和葡萄牙等国的少数民族。大约 68% 的土耳其人和 86% 的西班牙人在德国生活超过 10 年。但是德国是西方国家国籍化程度最低的国家，每年只有 0.5% 的常居德国的外国人能够成为德国公民，相比较而言，英国是 2%，法国是 1.2%，瑞典是 5.2%。

寻求避难者（Asylanten）是另一类重要的外国移民。法律规定寻求避难者只能在德国暂时停留。对于德国的教育当局而言，他们将此作为一个借口，不为寻求避难者的子女提供学校教育，如果父母坚持，德国教育系统仅仅向寻求避难者的子女提供基础词汇的教学。

在长期失业和与日俱增的通货膨胀下，本地公民和新来居民之间的关系趋于紧张。其中一个主要原因是，德国是一个福利国家，国家对难民的支持增加了国家债务。德国学者恩岑斯贝格尔（Enzensberger）指出，在美国，任何一个新来的人不可能指望社会体系帮到他，与此相反的是，新来德国的居民却可以要求最低的社会保障。但是福利国家的这种待遇给经济造成了越来越多的压力，德国社会也极为不理解。成年的纳税德国人如果想要获得一份生活补贴，简直非常之难。然而那些外来人没有交过一分钱的税金，却可以轻而易举地获得德国纳税人的钱，这种"理所当然"很难让德国社会对外来人表现出认同。

外国留学生或学者是高素质移民，他们往往在德国完成相应的学业就返回自己的国家，但是有的学生完成学业的时间相对较长，并且德国为了留住这些高素质人才，在新移民法里放宽了移民申请者的身份认定，允许在德国完成高等教育的外国学生直接就业。从总体上看，在德国就读的外国留学生数量不断攀升，保持相对稳定的增长态势。

综上，德国已经是一个事实上的多元文化国家，人口的多元结构对德国非常重要。德国社会的丁克家族日益增多，人口出生率日益降低，比例开始失调，因此人群之间的年龄缺口需要移民填入。尽管德国政府在法律上承认德国是移民国家，但德国由来已久的民族主义对多元文化的融合还是产生了一定的阻力。

（二）德国民族主义的形成

《世界民族主义论》中提到，民族主义是以民族权益和民族感情为核心内容的一种政治观念、政治目标和政治追求。现代意义上的民族主义虽有各种各样的定义，但从根本来说是一种基于民族感情、民族意识的纲领、理想、学说或运动。卡尔顿·海斯（Carlton Hays）曾指出，民族主义是一种历史进程，人们在这一进程中建设民族国家；"民族主义"一词是指包含在实际历史进程当中的理论、原则或信念；民族主义是某种将历史进程或政治理论结合在一起的特定政治行动，意味着对民族和民族国家的忠诚超越于其他任何对象。

民族主义在各个国家或多或少都会存在，只是表现形式和程度不同。德国社会存在着一定的民族主义倾向，使得多元文化的融合难度较大。

文化民族主义是以共享的文化定义民族主义。德国文化民族主义的形成主要源于其滞后的政治发展。历史上的德国是一个诸侯割据的国家，这在客观上促进了思想文化的发展，人们往往会缅怀以往的优秀民族文化，民族意识日趋强烈。语言的发展是文化发展的基础，现代德语的产生巩固了日耳曼文化民族主义的演变，而一些著名的思想家、作家也开始使用德语创作和交流。随着时代的发展，德国历史上的伟大人物层出不穷，德国民族文化光彩熠熠。

对自身文化的维护是德国文化民族主义形成的另一个原因。历史上，德国的政治经济一直落后于英法等邻国，综合实力不足，在很多方面没有发言权，面临着多种外来文化，尤其是法国文化的冲击。当时的德国，官方通用语言是法语，许多学术著作也是由法语著成。外来文化的冲击促使德国民众自发地保护本民族文化，并采取各种方式加以宣传；对本民族历史文化的弘扬有助于在全社会形成文化认同，增进民族情感，在一定程度上促进了文化民族主义的萌发与发展。大凡文化民族主义者，其认同的不是那个国家，而是那个国家的文化，为了保护文化的完整性，不惜改变任何与文化相悖的社会制度。

经过岁月的积淀，德国的民族主义特性已经渗入德国民众的血液之中，成为不可磨灭的民族特性。德国的民族主义在国家统一、民族复兴方面发挥了重要作用，但是，激进的民族主义已经不是在促进德国的发展，而是成为德国社会发展的障碍，民族主义的性质悄悄发生了变化。第二次世界大战后的德国人一次又一次地审视自己的民族，重新确定自己的价值取向，非纳粹化和自由主义思想的发展对德国社会产生了重要影响，人们在生活各个层面追求自由、平等、独立。虽然看到的是积极进步的德国社会，但不可忽视的是这种激进的民族主义国民性仍表现在一部分人的身上，排外情绪始终存在。德国历届政府都意识到多元文化的事实，他们在各个层面制定相应的政策和措施，无论出于什么原因、什么目的，都不同程度地促进了德国社会的融合，维护了外国人的利益。

（三）德国的跨文化教育的发展

多元文化社会的形成、社会政策的出台促进了德国跨文化教育的发展。20世纪70年代末期，联邦德国的教育学家开始讨论跨文化教育，采用的是欧洲理事会引用的术语（Intercultural Education）。教育研究者寻求这一文化教育理论的初衷，是在尊重具有移民背景的学生的社会、文化、语言遗产及多样性的基础上融合他们。此时的跨文化教育理论是一种回应学校移民教学法的批判主义，是对20世纪60年代外国人教学法的一种批判。在国际化的背景下，从20世纪80年代开始，跨文化教育就已经不再是一种补偿性的任务，而是普通教育的一个部分，因为教育当中确实存在着文化多样性，这也是出于对欧洲联邦、全球社会以及和平教育的认可与尊重。

德国跨文化教育发展史主要有以下四个阶段：同化教育、文化整合教育、反种族主义教育 和跨文化教育（表2-2）。

德国跨文化教育历史沿革 表 2-2

时间段	功能阶段	对象	学习目的
1960—1970 年	同化教育	外国人	促进交流
1970—1980 年	文化整合教育	外国人和本国人	增进不同社会群体的融合
1980—1990 年	反种族主义教育	本国国民	认识不同文化的差异性
1990 年至今	跨文化教育	所有人	具备跨文化交际能力

第一阶段：20 世纪 60 年代。第二次世界大战结束后，德国在 20 世纪 60 年代围绕着"是采用现代化的设备，还是引进外国劳动力"这一问题，曾有过激烈的争论。最后选择依靠引进外国劳动力这条道路进行战后重建。当时的劳工主要来自土耳其、意大利和希腊等国，这些移民劳动者的出身国大多数是在政治和经济方面对欧洲先进工业国有较强依赖的国家。随着大量外来劳工的涌入，其子女的教育问题引起了人们的关注，外国人教育（Auslnderpdagogik）是作为教育的一种补偿形式出现的。为使劳工子女更好地融入德国中小学，德国政府在政策上和教育科研上给予了很大的扶持，开设了一系列课程，比如外语补习班、对外教学法研究等。

第二阶段：20 世纪 70 年代。由于外国人教育在第一阶段中通常被视为"特殊教育"或"同化教育"，这一观点在 20 世纪 70 年代遭到社会各界的广泛批评。德国学术界对此展开了激烈的讨论，重点是"德国是一个劳工输入国家还是一个移民国家"，工作重点也向青年教育和社会教育转移，文化整合教育应运而生。在此背景下，有学者提出针对外国年轻人的职业教育的想法，同时开展国际性的移民问题研究。随着将德国理解为一个多元文化的社会，德国社会对外国移民的认同度不断增大，越来越多的人开始关注跨文化交流问题。

第三阶段：20 世纪 80 年代。为了增进多元文化社会中各文化群体的相互理解、和睦共处，德国在 20 世纪 80 年代提出了反种族主义教育。反种族主义教育是一种针对德国所有国民的教育，倡导的主要理念是，每个个体都应该尊重、包容不同的文化，并在具体行为实践中得以贯彻。其主要关注点在于：是"文化中心主义"还是"文化相对主义"；如何看待和接纳外来移民，尤其是东欧移民；如何重新审视文化差异问题；如何解决各移民群体在融入德国社会文化中产生的问题等。

第四阶段：20 世纪 90 年代开始至今。随着全球化和国际化进程的不断加快，各个国家都不同程度地面临多元文化现象。联合国教科文组织于 20 世纪 90 年代正式对"跨文化教育"进行界定。从此以后，跨文化教育开始成为一个独立的研究领域，学者们开始对跨文化教育进行大量质性和量化研究。跨文化教育的目标人群也由以前的某类人群变成所有社会成员，不仅是在德国的学生，也包括想要了解德国文化的国外学生。跨文化交际能力成为每个社会成员综合素质能力中不可或缺的组成部分，如何使其具有跨文化交际能力，成为跨文化教育研究者重点关注的问题。

（四）德国学校跨文化教育的现状分析

基于多元文化的现实及其独特的教育体系，德国教育界在各个层面展开跨文化教育。1996 年德国各州文教部长联席会议（KMK）提出的政策对德国跨文化教育的实际开展具有重要指导意义，虽然每一所学校在具体的实施方面带有差异性，但制定的学校跨文化教育的教学原则、教学内容等建议对德国学校开展跨文化教育提供了理论和政策上的指导，每一所学校开展的具体的跨文化教育项目亦基于此。德国各州文教部长联席会议认为，为了让学生以宽容的价值观尊重并理解各种不同的文化，在学校的教学内容中融入跨文化教育的理念至关重要，从而让学生了解多样性文化、宗教和民族的共生关系，培养学生的跨文化观念，并在此基础上与一定的跨文化交际行为相结合。因此，德国学校的教学内容重点包括 9 个主题：

（1）自身文化及异文化本质性的标志和发展；

（2）诸文化间的共通性、差异性及其相互影响；

（3）人权的普遍正当性及文化制约；

（4）偏见的发生及要求；

（5）人种歧视主义及敌视外国人的原因；

（6）自然空间、经济、社会、民生等方面不平等的背景及后果；

（7）现在及过去移居运动的原因和影响；

（8）为了解决宗教、民族、政治等方面的矛盾，国际社会所做的努力；

（9）多元文化社会中多数派和少数派共生的可能性。

为了进一步推进跨文化教育的发展，德国教育当局还从学校制度、课程设置、合作交流、机构协助、教师教育等方面提出了 13 项建议：

（1）检查教学大纲和教学计划设置基准；

（2）在跨文化教育的观点下制作教学实践手册；

（3）认真贯彻跨文化理解的教科书；

（4）提供多种外国语的教学，促进语言多样性；

（5）援助学校参与多国间的交流计划及国际互联网活动；

（6）利用已有的心理咨询制度；

（7）强化社会福利教育专家、青少年活动、社会文化方面的先锋、外国人评议会等机构间的合作关系；

（8）评价既存实验计划及教学模式，预备新的计划和措施方案；

（9）在所有教学科目上，给予非德国人教师教学活动的方便，并强化母语教师与一般教师间的相互合作关系；

（10）促进外国使馆监督下进行母语教学的学校一般教师间的相互合作；

（11）改善学校的合作关系及学生交流计划，促进教师间的国际交流；

（12）将跨文化教育视为所有大学培养教师的一个不可或缺的组成部分；

（13）教师的继续教育也要导入跨文化教育之观点。

德国各州的课程大纲以不同的方式体现跨文化教育的理念。由于教育自治，学校关于跨文化教育主题的法规各异，但是德国学校对跨文化教育理论的贯彻从未停止。每一个跨文化教育项目都有一个共同的目标，就是为了促进校园的融合，使每一位学生在平等的环境下得到最大限度的发展。

由于德国的教育体制是联邦各州文化教育自治，各州根据本州的实际情况分别实施不同特点的跨文化教育项目。以下列举的支持性措施，代表的仅仅是地方学校的项目，并非全德通用，但这些措施有效地解决了个体学校移民子女教育成就率低、留学生辍学率高等问题，其中不乏学习借鉴之处，故在此一一列举。

其中科隆欧洲学校项目（Europaschule in Cologne）和 Koala Ⅱ 项目实施的环境是综合性中学，而 COMPASS 和"全球化教育"项目则是在不莱梅大学校园内实施的。

首先分析科隆欧洲学校项目。

科隆欧洲学校是德国 37 所官方认可的欧洲学校之一。这是一所综合类中学，坐落于北莱茵—威斯特法伦州，学校形成独具特色的跨文化融合项目，该项目基于以下三个相互联系的措施：第二语言的掌握（second language acquisition）、跨文化教育（intercultural education）、会面与交流（meeting and exchange）。

第一个措施"第二语言的掌握"源于多语言主义的概念，从 5 年级开始就让所有的学生学习第二语言。学生可以从 7 种语言中进行选择：法语、西班牙语、意大利语、葡萄牙语、荷兰语、俄语和德语。在这一组织结构下，德语作为第二语言。在一开始就让学生选择语言，就是所谓的 Wahlsprache（语言选择），这一过程是三年。这个组织结构的总体目标不是获得熟练的语言水平，而是能够处理日常生活中的情景。因此，培养实用性的能力是其终极学习目标。在这种情况下，移民学生倾向于选择母语作为学习语言，因此，这些学生在课堂中就具备了语言助理的能力。这种方法被称为 Helfersystem（辅助系统），它为学生提供了欣赏和提高各自语言的机会，增强了自信心。三年之后，学生可以选择继续学习语言，并达到考试的水平。

第二个措施"跨文化教育"涉及与欧洲相关的知识，以及多元文化背景下的基本道德观念和准则。这个阶段注重文化比较，反映不同的文化和观点，特别是班级学生原籍国的文化。这种跨文化的方式特别适用于一些特定的学科，比如地理、历史和政治等，跨文化教育采取的是覆盖所有学科的横向方法。

第三个措施是"会面与交流"，学校组织相关的交换与流动活动，包括到所学各个语言的国家旅行，等等。

上述措施相互作用，使得科隆欧洲学校提供了大量的关注跨文化教育、多语言、移民融合的学校项目，并为任何有这方面需要的学生提供支持。科隆欧洲学校的概念是一个融合学校的项目，涉及学校的方方面面，也是该学校跨文化教育模式与众不同之处。

Koala Ⅱ项目由北莱茵-威斯特法伦州的教育部门出资支持，是整合援助中心（Integrationshilfestellen）框架结构下的项目之一。该项目实施于一所位于北莱茵-威斯特法伦州的综合学校。位于科隆地区的学校，移民占有很高的比例，特别是土耳其背景的移民，大约有40%的学生是移民。从2005年开始，将土耳其语作为第一语言进行教学（MSU）的教师和德语教师一起，为所有学生进行常规的德语课程教学。说土耳其语的学生可以在德语课上用土耳其语回答问题，或者用一些德国和土耳其传统的寓言、歌曲进行阐述。在小组活动中，这些学生可以先用土耳其语一起讨论话题，但随后必须用德语翻译和表达结论。通过这种过渡，他们的双语得到了培养。大多数情况下，两个老师一起进行指导。在上德语课期间，他们通常不会将用土耳其语作为第一语言的学生和其他学生区分开。凡是学生问到的问题，教师要向全班同学进行解释，以使其他学生也能从中受益。这些教师会用德语和土耳其语协调，尽可能地先用土耳其语进行相同内容的教学。参加MSU的学生更容易了解知识内容，这就使他们将注意力集中于口语练习，而不用同时忙着理解内容，因为在MSU课程班级中早就讨论过了。该项目的结果就是移民学生的口语参与度提高，同时增加了班级的宽容度。参加MSU的学生口语变得流利，扩大了词汇量，没有移民背景的学生学到了不同的文化，并对多样性更加包容。

通过MSU教师和常规德语教师的合作，这些有移民背景或无移民背景的教师展示了良好的团队合作精神，有无移民背景是一件很正常的事。整个班级的学生还一起庆祝节假日，包括德国传统的基督教节假日，以及其他文化和宗教的节假日。无论是在提高学生学业成就方面，还是在促进班级融合方面，这都是一个成功的模式。

"指南针项目"（COMPASS）和"全球化教育"项目是不莱梅大学实施的两个针对留学生的项目，其目标群体是攻读学位课程的本科生，理念是留学生都来自不同的学术文化背景，他们需要在不莱梅大学扩展学术文化知识，发展与专业相关的实践能力。该项目包括所有院系的留学生。不莱梅大学主要从四个方面提供关注和帮助，包括学术指导、通过学生导师促进社会融合、课外科学培训、学术语言（德语）技能培训。

不莱梅大学在学术课程伊始就为留学生提供高度个性化的持续的学术指导。指导者熟悉不莱梅大学并且是本专业的初级讲师或博士生，至少进行为期两年的连续性指导。指导者在工作之前必须经过跨文化培训，取得合格证书后才能够组织相关的学术支持咨询工作，讨论具体的学术课题和学士学位论文，与学生一起讨论考试中的分组问题。指导者与院系的讲师、教授以及国际办公室保持联系。除了指导者的支持，留学生如有经济需求、社会或法律问题或家庭紧急情况，还可以向大学的心理咨询部门寻求帮助。

不莱梅大学聘用本地和国际研究生担任导师。学生导师已经在不莱梅大学学习两年，并且有国外学习经验，需要提前接受专门的培训，在学期结束时参加最后的评估会议。一位学生导师负责大约 40 名留学生，主要包括提供个人建议和组织群体会议活动。学生导师受 DAAD 奖学金的资助，称为 Einsatzstipendien。

"指南针项目"还提供技能提高类课外科学培训。在课余时间，组织训练写作和演讲技能研讨会，帮助学生准备考试。

留学生的语言能力是学习成功的基础。为了提高和扩展语言能力，"指南针项目"和歌德学院合作提供学术语言课程。该课程重视学术文本材料，参考学生的专业学习课程，帮助他们在学术领域的考试中取得成功。

不莱梅大学的留学生大部分学习 1~2 个学期，由于国家背景的差异，每个人所表现的需求不同，所获得的学位也有区别。所以在不莱梅大学应该学习哪些课程，留学生有不同的想法。

不莱梅大学拥有丰富的专业和广泛的国际合作伙伴，这为留学生提供了国际性研究的机遇。这种机遇被称为"全球化教育"。建立于 2008 年的"全球化教育"是一个独立的学术项目，由不莱梅大学国际办公室负责管理。尽管"全球化教育"不属于不莱梅大学的普通院系系统，但是来自普通院系的教授和学生都可以在"全球化教育"发起的课程里教学和学习。"全球化教育"是不莱梅大学国际合作工作中的一个组成部分，目的是为留学生提供有意义的学术机会。该项目选取的课程将高学术标准和留学生感兴趣的特殊领域结合在一起，专门为那些来自不同学术背景地区的学生设计，以便让他们的研究领域具备跨学科和跨文化的视野。通过在"全球化教育"课程里开设德语和英语，留学生能够熟悉德国的文化、历史、文学和政策，了解在德国学习和研究的过程，或者将他们有价值的跨文化经验融入学术研究中。留学生在"全球化教育"项目中可以获得 15 个学分。除了这些课程，该项目还为留学生提供到德国重要城市进行短程旅行的机会，让学生深入了解德国文化、历史和政策。这是一种国际性和跨文化融入德国教育系统的创新做法。

在跨文化教育的政策指导下，德国不同学校根据自身面对的具体问题，制定相应的跨文化教育对策和具体实践，这些举措面向所有学生，强调文化之间的互通有无，在某种程度上解决了德国教育体制内存在的一些问题，有效地促进了德国社会的融合。

（五）德国跨文化教育的特性

首先，德国的跨文化教育具有显著的时代性。德国的跨文化教育不是朝夕之间一蹴而就的，它经历了一个比较长的发展历程。从最初的"同化教育""文化整合教育"到"反种族主义教育"，在每个不同的社会发展阶段，德国教育工作者根据当时社会的具体条件、面临的具体问题，提出相关的教育理念，制定相关的教育政策。在全球化、国际化的大背景下，德国社会越来越呈现出文化"多样性"的特点，德国教育工作者据此在 20 世纪 90 年代初适时提出"跨文化教育"的理念，开始着手研究跨文化教育的各个方面。

其次，德国的跨文化教育强调互动性。Interkulturell（跨文化的）是由前缀"inter"和主干词"kulturell"（文化的）构成。"inter"指的是"在……之间""相互作用的"，所以"interkulturell"表明不同文化之间的一种互动。德国社会已然是一个多元文化社会，各种文化及文化群体在信仰、习俗、语言、思维方式等方面有着不同的文化特征。德国跨文化教育的主要目的是通过教育促进理解不同文化及文化群体之间的差异，尊重差异，承认差异的价值，利用交流、对话等互动方式实现各种文化平等、自由发展以及各种文化群体的和谐共处。

再次，德国的跨文化教育主张多语性。一方面，鼓励在德国出生、长大、接受德国教育的移民后代积极掌握自己国家的语言，同时希望他们参加整合课程，学习德语及德国国情知识，以便更好地融入德国社会；另一方面，通过在中小学开设不同的外语课程，如英语、法语、西班牙语、汉语等，鼓励本国国民从小学习、掌握多门外语，更好地理解不同的文化，更好地与来自不同国家和地区的人们进行交流。

最后，德国的跨文化教育具有相当程度的普及性。德国跨文化教育的普及性有纵向性和横向性两大特点：纵向性具体体现在跨文化教育的实施不仅局限于高等教育领域，幼儿园、小学、中学初等及中等教育机构也都不同程度地参与跨文化教育的实践；横向性具体表现是在德国跨文化教育的理念和主张已经渗透到不同领域及其机构和从业人员中。不仅在教育领域，而且在经济领域（如很多公司尤其是大型跨国公司提供不同的语言培训、跨文化培训）、科技文化领域、日常生活领域（如多种多样的社区文化生活），人们都可以不同程度地参与跨文化教育。因此，德国的跨文化教育已经基本实现人人受益的目标，具有相当程度的普及性。

（六）德国跨文化教育课程设置——以柏林工业大学为例

德国柏林工业大学（Technische Universitat Berlin）坐落于首都柏林，是德国最大的工业大学之一，在欧洲乃至世界都享有盛誉。该校大约有 20% 的外国学生，随着国际化程度的不断提高，跨文化交际课程被越来越多的学生所喜爱。从目标人群来看，起初这些课程绝大多数面向文科专业的学生，后来逐渐扩展到文、理、工科学生。2002 年柏林工业大学第一次给工科、商科的学生提供"跨文化能力和国际合作"课程，此后逐渐将该课程通过模块化的形式予以固定和拓展，为学生提供跨文化交流与合作的理论以及实操的机会和平台。经过几年的理论研究和教学经验积累，该课程主要分为两个模块。

第一个模块是基础课程，一般持续一个学期，每周4个课时。第一模块的主要教学目的是培养学生基本的跨文化交际能力，为他们进行成功的跨文化交流实践打下扎实的基础。课程具体围绕跨文化交际的基本概念展开，如文化、交际、能力等。通过小组讨论、情景模拟、角色扮演、社会调研等各种方法，使学生从认知、情感和行为上充分认识、比较、体验、反思跨文化及跨文化行为。在这一互动学习过程中，老师始终起到引导、启发和总结的作用。学生可以自由表达观点和想法，并充分发挥想象力，在跨文化情景中生动演绎各自的角色。

第二个模块是实践应用。在这一模块过程中，学生将在第一个模块习得的知识、能力具体运用到与外国学生合作的项目中，使其在与外国学生的交流、合作中不断增加跨文化交际的知识，提高跨文化交际的能力。该模块的项目主要基于网络的合作项目，通常是15位柏林工业大学学生与15位国外相关合作大学的学生就各自学科领域关心的主题或各自感兴趣的话题，开展为期1学期左右的讨论。在老师的指导下，学生们不断实践、分析与合作伙伴交流过程中产生的跨文化现象或跨文化冲突，以此培养跨文化的敏感性。在学期末，每个学生必须对各自的合作项目进行总结、回顾、反思，老师也会在此基础上对每个学生提出不同的意见和建议。该跨文化课程的授课对象来自不同的专业，设计课程和培训的教师也来自不同的学科专业。课程设计充分运用了先进的教学理念、教学媒体及教学方法。通过整合各种教学资源、文化因素，在学生们积极参与、认真反思的基础上，该课程在理论和实践两方面培养了学生的跨文化交际能力。

第四节 国内跨文化教育的历史、现状和困境

一、国内跨文化教育的历史

我们可以从不同文化的交流初期追溯跨文化教育的发展进程。中国是一个多民族国家，自古以来处于一种多元族群和异质文化并存的状态，在历史长河中不是封闭、孤立地发展，而是从未停止与其他族群的文化交流和互动，因此为当代跨文化教育理论的发展积累了不少经验和教训，也具备了进行跨文化教育的良好基础和充分条件。

以下分别对不同历史时期我国跨文化教育的实践活动特点进行具体分析，1840年

以前主要是中国文化的对外传播；1840—1949 年以西学东渐为主；1949—1978 年受苏联文化影响较大；1978 年以后则逐渐关注中西文化的相互作用。

（一）1840 年以前中国文化的对外传播

从跨文化教育的视角来看，早在开辟"丝绸之路"的汉代，我国就存在着跨文化教育活动的痕迹。中国与古代波斯的文化交流影响深远，虽然当时没有发达的交通，不同区域的人们直接交流沟通的机会较少，但东西方之间的经济文化交流从未停止过。人们有意无意地进行着跨文化活动，教育促进文化的发展交流，跨文化教育也在其中悄然进行，只是那时还没赋予"跨文化教育"的称谓。

汉代开通的"丝绸之路"不仅是一条重要的商道，而且是中国跨文化活动的开端。它为东西方的经济、文化交流开辟了一条极为重要的通道。联合国教科文组织在"丝绸之路研究计划"中，把丝绸之路称为"对话之路"。这条通道促使唐代的对外文化交流达到前所未有的荣盛。丝绸之路有南北两条支线，从陕西长安（今西安）出发，经敦煌出阳关西行，南道沿昆仑山麓跨越葱岭，向西到达大月氏（今新疆和阿富汗东北一带）、安息（今伊朗）、条氏（今阿拉伯半岛），最后到达罗马帝国；北道沿天山南麓过葱岭，经大宛、康居（均在今中亚境内），再向西南行与南道汇合，全长 7000 多公里，将黄河流域古老的中华民族文化同古代印度、波斯文化和古希腊、古罗马文化连接在一起。在这一过程中，人们逐步摸索着如何与来自不同文化的人打交道，如何面对不同的文化，如何从中吸取进步的因素，而后逐渐形成一套规则，将之传承下去。虽然当时并没有明确的术语，但它却是跨文化教育的雏形。

在这条著名的丝绸之路上，新疆是著名的东西方文化交流荟萃之地。新疆古称"西域"，曾经创造过灿烂的西域文化。新疆作为东西方交通喉舌，汇聚了古老的东方文化和西方文化，中原汉学、印度佛学、基督教、伊斯兰教四大文化在这里交融荟萃，多种文化共存和交流，形成绚烂多姿、繁荣兴盛的文化景观。

从这一角度来讲，跨文化教育活动起了一定的作用。鉴于商品贸易的输送过程也是不同文化的输送过程，古代西域各族人民处于东西方往来的交通要道，既见识到不同文化的魅力和优势，又自然而然地从中获益，不知不觉成为文化交流的使者和传播人。在这种或有意识或无意识的跨文化教育活动下，古代新疆各族人民在多元文化共存的环境中，首先学会对不同文化的兼收并蓄，博采众长，在人类文化历史的长河中创造丰富多彩、独具特色的西域文化。丝绸之路的开通，不仅成为东西文化交流的重要通道，还为宗教的传播提供必要和客观的交通条件，使宗教的传入成为可能。

宗教的传播不仅是早期跨文化活动成果的展现，同时也显露出跨文化教育实践的痕迹。既然称之为"跨文化教育实践"，就有别于单纯的"跨文化交流""跨文化传播"，表现为不是简单地学习宗教教义，而是结合本民族的文化特点进行整合，形成具有中华民族主流文化特征的宗教，并在这一过程中为人们如何应对跨文化问题提供思路，积累指导经验。

以佛教为例。佛教传入中国的时间尚未定论，一说在东晋时期，一说在西汉末年、东汉初年，但无论是什么时间，通过丝绸之路传入我国的这一点毋庸置疑。佛教在隋唐时期达到全盛，之后又由我国传入朝鲜和日本。在这一过程中，它依据中国本土的文化特色，发生适应性的改变。在长期的演化过程中，佛教逐步吸收、融合中国儒家和道家思想中的某些因素，与本土文化互相渗透，最终形成带有中国文化烙印的佛教——以大乘佛教为主的北传佛教，佛教在唐朝时期完成汉化过程。

这是异质文化融入本土文化的例子，但其中暗含复杂的跨文化教育的过程，并产生一个新的词汇——格义。格者，量度也。格义是指使用中国本土思想对佛教教义进行转译和阐释的方法。作为阐释方法，就是站在中国本土思想的立场上解读佛教，建构佛教在汉语世界的思想体系，对佛教的中国化产生奠基性的作用。格义，在佛经的宣讲和传播时，如果要生成新的理解，就需要对佛经的经文正义以中国文化的方式解说，用人们熟悉的、固有的概念和义理对佛经进行比附、解释、量度。这种"以我释他"的方法，就是一种用教育手段解决跨文化对话的方式，是跨文化背景的概念之间映像式的融会贯通和比较理解的方法。人们对佛教这个异质文化并不是一开始就认可的，也不是一开始就全盘接受的，而是需要一个认识、理解、接受的过程。在这个过程中，人们没有放弃本土文化，而是巧妙、智慧地将两者有机结合起来，创造了一个适合中国本土文化的新佛教，既避免了文化冲突，又促进了本土文化的发展和丰富。这就是跨文化教育活动的成果，充分说明在当前日趋复杂的全球化时代，跨文化教育更不能操之过急，要有耐心和毅力逐步改变人们的认识和综合素质。

除丝绸之路之外，唐朝时我国还开创一条"麝香之路"，从唐都长安经青藏高原、康藏高原，到日喀则后分南北路，分别到达印度、巴基斯坦、波斯、罗马等地，同印度和第一条东西文化交通线连接。

唐贞观初午（公元7世纪初），松赞干布统一西藏，正式建立吐蕃王朝。公元7~9世纪，吐蕃借助麝香之路与唐朝和欧亚各国在政治、经济、文化等方面开展不同程度的接触与交往。吐蕃东与唐朝、西南方向通过象雄地区与中亚或南亚各国、西北通过于阗与西亚各国、南与泥婆罗（今尼泊尔）和印度开展频繁、主动的学习和交流。在这种跨文化交流中，中国文化吸收了中亚和南亚的一些艺术形式，诸如音乐、舞蹈、绘画、雕塑、建筑以及天文、历算、医药等科技知识，在一定程度上进行着跨文化教育的实践。和亲也是一种文化传播途径。和亲公主被视为一种文化的象征，客观上是跨文化的传播者。跨文化交流同时伴随着跨文化教育实践，吐蕃从内地学到了科学知识和生产技术，还派遣青年到唐朝读书学习；吐蕃传统的马球游艺、音乐、舞蹈和妇女的椎髻、赭面等传入中原地区。汉藏民族间的跨文化交流，体现了跨文化教育实践的成果。

唐朝是跨文化教育实践非常丰富的一个朝代，以长安为中心，世界文化的交流呈现出前所未有的繁荣景象。文化的往来是跨文化交流，而如何接受不同文化，如何对待外来文化，如何传播文化则是跨文化教育的内容。唐朝在频繁的文化往来中，通过佛教僧人、遣唐使、留学生和工匠艺人等开展跨文化教育实践的活动。

从事跨文化教育活动的唐代佛教僧人包括以下两类：一类是来我国从事佛经翻译、长期留驻的学问僧，主要是日本人和新罗人；另一类是走出国门求取真经或宣扬佛法的高僧，代表僧人为玄奘和鉴真。玄奘历经10余年的艰险，携带搜集到的657部佛经回国，根据其口授的耳闻目睹的旅行经历，弟子辩机笔录写成《大唐西域记》。由于记载正确，近代学者用此书指导中亚、印度等地的考古发掘，其史料价值之高、影响之远，堪比鲍桑尼乌斯（pausanias）书之于指导雅典考古。鉴真东渡日本12年不仅携带佛经等佛教用品，还有熟谙绘画、雕塑、建筑的弟子同行。双目失明的鉴真宣扬佛法，协助校订佛经讹误，用嗅觉辨识草药，对日本文化的发展和中日文化交流功不可没。

遣唐使是对日本在公元7~9世纪向中国派遣学习、交流文化的使团的称谓。遣唐使不仅推动了日本社会的发展，而且促进了中日交流。日本在政治、文化、思想、艺术方面的发展无不带有唐朝文化的痕迹。其中最著名的代表是原名阿倍仲麻吕，后在中国定居并且在朝为官的晁衡。

"留学生"一词起源于唐朝时期，最初特指随日本遣唐使而来，留在中国继续学习的日本学生。后根据时代变迁，词义发生变化。其实当时除了"留学生"，还有"还学生"。"还学生"就是随遣唐使一起回国的日本学生。《唐会要》卷三十五有对唐朝开展留学生教育的记载，"贞观五年以后，太宗数幸国学、太学，逐增筑学舍一千二百间……已而高丽、百济、新罗、高昌、吐蕃诸国酋长，亦遣子弟请入国学。于是国学之内，八千余人。国学之盛，近古未有"。唐文化经过归国留学生的传播向外辐射，成为东亚文化圈的核心。值得一提的是，虽然朝鲜、日本在许多方面都吸收了中国文化的精髓，但他们非常注重选择，经过吸收、消化和创新，不但保留和发展了本土文化的特色，还与中国文化相互影响，这是跨文化教育实践的典型实例。

唐朝出现如此盛况空前的跨文化交流活动，与统治者的态度密切相关。唐朝对外来文化不是阻挠，而是一体扶植。这种宽容胸怀激发了欧洲人此后几个世纪的东方情结。民众面对外来文化时的自豪感和自信心，以及乐于向外学习、平等对待外来文化的心态，造就了潜意识中跨文化教育的心理，故而当代跨文化教育要培养学生以平等、开放的心态面对不同的外来文化。

宋元时期，我国的对外文化交流又向前迈进了一大步。第一，地域的扩大，在与周边国家已有交往的基础上，与北非、东非国家开展了直接的文化往来；第二，更加便利的陆路交通和繁盛的海上丝绸之路，为中外经济往来和跨文化活动开辟了广阔通道；第三，学术文化超过了汉唐，四大发明的对外传播推动了世界文明的历史进程；第四，意大利人马可·波罗在其游记《马可·波罗行纪》中记述了他在中国的见闻，激起欧洲人对富有东方的热烈向往，在此后的几个世纪中，欧洲人的东方情结长盛不衰，既对以后开辟新航路产生影响，又对东学西渐起到一定的作用；第五，伊斯兰教文化进一步吸纳、融合中国传统文化。这个时期既是我国历史上跨文化交流的繁荣时期，又是中外交流对中国文化产生重要影响的时期。在这一时期，我国的学术和教育发展达到了古代的鼎盛阶段。

明清之际，中西文化交流发生了新的变化，既不同于古代，又异于近代。这一时期的西方传教士成为东西方文化交流的桥梁和纽带，他们一方面将西方的科学与文化介绍到中国；另一方面又把中国文化介绍到欧洲，对欧洲产生了极大的影响。明清时期中西文化的互动与互融，推动了中国和欧洲社会的发展。

16 世纪新航路开辟后，葡萄牙人和西班牙人率先开展对中国历史的研究。通过搜集和整理中国文献，葡萄牙历史学家巴洛斯著有《亚洲史》，而西班牙历史学家门多萨则出版了欧洲人论述中国的第一部历史书籍。这一段时期，欧洲对中国文化的输入还主要通过在华传教士传递书信和翻译中国典籍等方式进行。

16 世纪末叶，中国迎来了自佛教以后的第二次外来文化输入。1596 年，利玛窦（Matteo Ricci）将基督教义与儒家思想联系起来，体现在他的《天学实义》中，这是跨文化的优秀实例。这一时期的跨文化教育实践是以译著的方式呈现的，其中半数以上是基督教教义，主要原因是当时的耶稣会士在传扬教义的同时也带来了西方的科学和制度。

16 ~ 17 世纪耶稣会士用中文撰述和翻译一系列科学著作，一些具有西方科学知识的中国学者先后协助耶稣会士翻译科学著作。西方政治科学、教育、逻辑、心理学等方面的中文译述成了人类知识交换和国际文化沟通的桥梁，为跨文化教育赋予了新意义。

中国文献对欧洲的第一次输出高潮出现在 17 ~ 18 世纪，其间西方传教士起了重要作用。他们携带西学书籍而来，又把许多中国书籍带回欧洲。以意大利耶稣会会士卫匡国（原名 Martino Martini）为例，在 1651 年回国时，他带回了包括《通志》《文献通考》《永乐大典》和《古今图书集成》在内的中国书籍以及教士在华活动资料。中国文献西传的另一条重要途径是传教士对中国文献的翻译，其中儒学和历史文献数量较大。除两类文献之外，《利玛窦日记》这类专门介绍中国思想文化的著作不仅在明史研究上具有重要价值，还为中西文化交流史和基督教在华传教史的研究提供了重要资料。

中国思想文化的传播，对欧洲思想启蒙运动和自然神论的思想产生了深刻影响。

启蒙思想泰斗伏尔泰关注中国传统思想，对孔子十分推崇，认为我国儒教是理性宗教的楷模。他还称赞我国哲学"既无迷信，亦无荒谬的传说，更没有诅咒理性和自然的教条"。欧洲启蒙运动学者大多赞成开明君主专制论，他们对我国历史上出现的圣君很感兴趣，认为可视作理想的社会楷模。这种文献交流的形式不仅增加了中西文化比较研究的内容，为比较研究提供了丰富资料，而且具备了当代意义上的跨文化教育性质，这一时期的跨文化交流的基础是平等、尊重、互融。

这一时期中国与欧洲的跨文化交流具有单向特征。与传教士介绍的西学知识对我国的影响相比较，我国文化对欧洲的影响更深远，"中学西渐"由此而来。儒家思想、稳定良好的政治秩序、对教育的重视都引起欧洲人的关注，他们甚至效仿中国考试选拔人才的制度。在对中国教育的研究中，他们发现教育对公德的重视超过"纯粹的"科学，在传教士的眼中，中国的道德教育优于宗教信仰。传教士给正在失去信心的欧洲人描绘了一个美好的理想国度。

17～18世纪中国儒家文化教育对西方思想界和教育界的影响，推动了西方近代思想、文化和社会的发展对全球化时代跨文化教育的研究意义非凡。

（二）1840—1949年西学东渐为主

这一阶段的中西文化交流发生了颠覆性变化，国力的衰弱导致中国文化在世界上地位的丧失，从本质上讲，中国在这一时期的文化交流活动主要表现为"西学东渐"。从鸦片战争到甲午战争，再到八国联军侵华，西方列强的武力入侵构成了西学东渐的背景。

这一时期中华民族的自尊心遭受了重创，军事侵略带来政治奴役和经济文化掠夺，一些先进的国人希望通过学习西方的科学技术反抗外夷，救亡图存。因其所长而用之，即因其所长而制之。"风气日开，智慧日出，方见东海之民，犹西海之民"。然而在学习西方科技文化的过程中，人们出现了矛盾心理。倡导"开眼看世界"的清代学者梁廷枏关心时事，重视学习西方文明，主张抵抗外来侵略，是有见识的开明人士。但他却认为天朝全盛之日，既资其力，又师其能，延其人而受其学，失体孰甚，因而反对魏源的"师夷长技"。这种矛盾心理代表着相当一部分人的观念，严重影响了中西文化交流，影响了西学东渐的进度、质量和范围。

当时的中国政府开创了一些西学输入的途径，比如派遣留学生、建立科学学会和博物馆、安排外交使团出访、参加万国博览会等。如此广阔、丰富的传播方式，使得西方文化以前所未有的规模传入中国。国际法、西方议会制度、启蒙思想、进化论、社会学、心理学、图书馆学、艺术、史学、西方格致学（物理学）、经济学等自然科学和社会科学纷纷传入中国。

中国文化曾经一直处于世界文化的前端，在西方列强武力入侵后中国人对自己文化的优越感产生了前所未有的矛盾和疑惑。在西学东渐的过程中，随着时间的推移，中国人对西方文化的处理方式越来越成熟，由被动接受转为主动选择。

19 世纪中叶，在了解到西方科学知识的重要性后，政府设立各种机构训练通事和译书人才，并遣派留学生出国深造，若干具有中文和西文能力的作家成为职业性的翻译人员。1844 年魏源编著《海国图志》成为此后了解西洋最权威的工具，在我国和日本广为流传。

1861 年，我国设立同文馆造就适任的通事和译书人才。这所学校后来增添多种语言教学，并开辟了关于科学和西洋制度的课程。根据《同文馆题名录》，该校 1888 年有注册学生 125 人，教习 19 人，其中 8 位来自英、法、德、美等国家。这是第一个有跨文化教育概念的实体。1901 年同文馆与京师大学堂合并，1903 年该校设立一所译学馆，开设英、法、德、俄、日五种语言，并增添科学、法律和外交程序等课程。

1869 年，上海江南制造局将成立不久的翻译馆与 1863 年成立的一所外语学校——广方言馆合并，从事教学和编译工作。1897 年，一批学者创立译书公会，专门翻译西方历史和制度的重要著作，成为跨文化教育的雏形。此后上海的南洋公学、太原的山西大学以及北京的京师大学堂等增设翻译科，进行跨文化教育。

从 1895 年甲午战争到 1919 年"五四"运动，日本维新后的崛起对处于西方列强威胁下的中国形成刺激，中国跨文化教育的对象转向日本，加强在经济、政法、农业和医学方面的学习。但是随着日本对中国的侵略，学生留学的目的地又从日本转向美国。

20 世纪前半期，西方文化的引入重点转向社会科学和人文学科，这种新的趋向对中国的政治和社会发展产生了极大的影响，出现了一批博古通今、学贯中西、具有世界水平的学者，如王国维、陈寅恪、钱钟书、冯友兰、汤用彤、朱光潜、吴宓等。他们成为我国近代史上第一批具有跨文化教育意义的"成果"，以他们为带头人建构的学术环境成为我国最初跨文化研究的基础。

（三）1949—1978 年以吸收苏联文化为主

1949 年中华人民共和国成立后，与苏联在政治、经济、文化等各方面联系密切。

这一时期最突出和典型的文化现象都与苏联有关，聘请苏联专家传授技术，派遣优秀人员到苏联学习，学生的第二外语是俄语，全民学唱俄语歌曲、看俄国电影、读俄文译著，学习苏联的政治经济体制等。20 世纪五六十年代人们的价值观、审美观等都受到深刻的影响，这一时期中国人口的迅速增长也是效仿苏联的"英雄母亲"行动。苏联文化的引入有助于当时的中国摆脱封建文化，培养一代具有先进思想的新人。

这一阶段依然存在一些对苏联以外国家的跨文化研究，比如欧洲哲学的影响，中国文化与拜占庭文化、英国文化的关系等，虽然数量不多，但材料翔实，立论有据，丰富了这一时期的中国文化。

（四）1978 年以后逐渐关注中西文化相互作用

1976 年中美关系破冰，亚洲人的理想和东方的生活方式逐渐传播到美国社会，中美的文化交流徐徐增进。伴随改革开放政策，我国对外的跨文化交流越来越多，跨文化教育研究逐渐引起各国教育专家的关注，联合国教科文组织从 20 世纪 80 年代开始就有相关的文献发布。

我国教育专家也是从这一时期开始关注跨文化教育的。20 世纪 80 年代中期已有几所大学设置跨文化交际学课程，国内学界率先对跨文化交流进行系统研究。1995 年，哈尔滨工业大学成立跨文化交际学研究会并举行第一届会议，标志着跨文化教育萌芽的产生。截至目前，我国大多数高校包括综合性大学、语言学院、职业专科院校等都在语言（对外汉语、外语语言等）、国际贸易、传媒、传播、旅游管理等相关专业开设跨文化课程，授课涵盖专科生、本科生和研究生。通过分析课程内容和教学目标，可以看出教学要求中明确规定学生的学习目标是提高跨文化意识和培养跨文化交际能力，目前课程主要集中在传授基础理论知识层面，也有一些课程涉及如何提高跨文化自觉意识和增强对自己民族文化的敏感意识。

从中国人主动选择西方文化转为注重中西文化相互作用的历程，可以看到我国成功摆脱了初期面对强势异质文化所出现的困惑和苦恼，摆正民族文化与西方文化的关系和位置，完成了对跨文化交流的适应与任务。

二、国内跨文化教育的现状

当今世界，没有一个人类群体能够完全不学习其他人类群体的文化，很多人类群体的文化通常都是在跨文化摄取中获得异民族文化因素，形成本民族文化，从而获得新的发展。我国的跨文化教育则是介于中国传统文化与外族文化，尤其是西方发达国家文化之间进行的一种教育。正在建构"中国式现代化"的中国文化，需要摄取学习西方文化中的先进成分，舍弃西方文化中的落后成分。

当前我国跨文化教育主要在民族性跨文化教育和学校跨文化教育两方面开展广泛实践，下面将分别进行梳理和分析。

（一）民族性跨文化实践

我国是一个以汉族为主的多民族国家，各民族和睦相处，共同发展。

在政治上，实行民族自治，坚持民族不分大小、一律平等，积极倡导并努力实践民族团结，保证少数民族在国家权力部门的比例。

在经济上，积极支持少数民族地区的经济发展，给予相当巨大的财政支持，并鼓励少数民族发展地方民族经济。

在宗教上，实行宗教自由，尊重少数民族的宗教信仰，提供宗教必需物资，但反对利用宗教搞民族分裂活动。

在教育上，大力支持民族地区教育，兴办民族高等教育，积极开展民族地区的教育普及，开展民族语文教育，在经济发达地区开办少数民族中学、少数民族班，在大学招生中给予少数民族学生特殊政策。

在社会发展上，出版民族书籍，鼓励民族文化艺术，尊重民族风俗习惯，引导少数民族地区实行积极的社会制度变革。

为了实现民族和睦，我国普遍开展民族团结教育。民族团结教育是为了培养民族团结意识而对学生进行的民族政策、民族常识、民族历史等内容的教育。

我国的民族团结教育通常在两个方面展开。

一是在全国的政治、历史、语文课程中增加民族团结方面的教育，编写新的历史教材，宣传新的历史观。

二是在民族地区开设民族教育课程，对生活在民族地区的少数民族和汉族学生进行民族团结教育。

这些课程与教材基本上都是按照国家统一规定进行教学和编写，介绍我国的民族政策、少数民族的生活常识、少数民族为历史发展和民族团结作出的贡献以及典型代表人物，民族教育的目的是促进民族团结。

民族教育的教学方法通常是教师课堂讲解的讲座法，偶尔有参观法。不同民族的交往、影视文艺作品、与跨文化教育相关的重大社会事件对学生起到的教育作用往往更大。

我国的民族教育理论研究正在走向跨文化教育的宏观视角。中央民族大学的滕星教授将民族教育定义为多元文化整合教育。他认为，在多元文化整合教育（即民族教育）中，"少数民族不但要学习本民族优秀传统文化，还要学习主体民族文化"，"主体民族文化除了学习本民族文化外，还要适当地学习和了解少数民族的优秀传统文化，以增强民族平等和民族大家庭的意识"。

我国当代的民族交往是和睦的、团结的，符合跨文化实践的人道走向。因此，我国当前的民族交往思想与实践符合民族性与民族间性的统一，具有世界性的意义。

（二）学校教育中外语学科的跨文化教育实践

在学校教育中，教育活动的主要形态是学科教育，跨文化教育作为一种教育活动，毫无疑问应该在学校学科教育活动中展开。外语学科教育因其特殊性，在教学中不可避免地涉及外语本身所凸现的思维方式，因此呈现跨文化教育实践活动的特性。

从 1862 年到现在，我国的外语课程教育一直在努力地实践跨文化教育，但仍有许多亟待改革之处。下面将从课程大纲、教学内容与教学方法三个方面进行分析。

1. 课程大纲

1862 年，第一个由国家兴办的近代外语学校"京师同文馆"在北京成立，外语作为国家课程首次出现，彼时的外语课程专门规定传授异民族文化知识的内容。

1902—1904 年，我国国民教育中的外语教学刚刚开始，由于社会需要语言人才，而彼时外国文化还为清政府所不容，因此，这一时期外语教学中的外国文化教学并没有受到重视。光绪二十八年（1902 年）的《钦定中学堂章程》规定中学开设外国文，1904 年的《奏定中学堂章程》中改称为外国语，并且明确指出，学习外语要"知国家、知世界"。不过这些文件过于简略（相关于外语教学的只有百余字），所以并未明确规定外国文化的学习内容。

1913—1923 年，民国初始，新的教育理念开始形成。但由于这一时期军阀混战，教育发展受到制约。

1923 年，《中学校课程标准》中首次明确将"（外国）文学要略"列为教学内容。1923 年的《新学制课程纲要初级中学外国语课程纲要》中不仅规定学生要"选读文学读本"，而且明确规定一些读本，比如《天方夜谭》《鲁滨孙漂流记》等。同年的《新学制课程纲要高级中学公共必修的外国语课程纲要》规定外语课程的主旨第一条就是"养成学生欣赏优美文学之兴趣"，规定学习内容要包括外国的小说、戏剧、传记等。

1929—1932 年，外语教学进入一个新的外国文化教学时期，外语课程标准非常突出地强调外国文化教学。这一时期的初中、高中英语课程标准所规定的中学英语的教学目标里，都包括"使学生从英语方面加增研究外国文化的兴趣"，要求教材中包括"外国人民生活习惯等类的事实，尤其是英语民族的"（初中）、"外国文化的事实和意义，尤其是英语民族的"（高中），对学生毕业也有文化方面的要求："（明了）关于英语民族生活文化的事实"（初中）、"（明了）关于西洋民族生活文化的事实和意义"（高中）。这里不仅明确了跨文化教育的内容，而且还对学生的认知规律提出了不同程度的教学要求。

1936—1948 年，外语中的跨文化教育发展到新的阶段，跨文化教育的目的更加符合中国文化发展的要求。在教学目标上，1936 年、1941 年的课程标准都没有变化，1948 年的课程标准进行了增加与明确，初中英语教学目标规定"认识英美民族精神与风俗习惯，启发学习西洋事物之兴趣"，高中英语教学目标规定"从英语方面加增其对于西方文化之兴趣，从语文中认识英语国家风俗之大概，从英美民族史迹记载中激发爱国思想及国际了解"。这一变化更加明确了跨文化教育的目标，特别是将跨文化教育的目标直接与国内的社会政治发展相结合。教材内容中跨文化教育的内容和目的有了深刻变化，要求英语教材包括"外国人民生活习惯等类之事实，尤其关于英语民族者及有益于我国民族精神之培养者"（初中）、"外国文化之事实与意义，尤其关于英语民族者及有益于我国民族精神之培养者"（高中）。这里明确提出了跨文化教育的目的是培养学生的民族精神。

1951 年的新课程标准不再有直接的跨文化教育目标，但仍要求学生阅读"英文小说"，不过没有明确规定内容。1954—1959 年初中英语课停开。

1956 年的高中教学大纲规定学习外语是因为"需要吸取世界各国最新的科学和技术成果"，学习外语能"使学生们更好地了解祖国语言，发展思考能力，扩大眼界"，同时明确要求教学内容要包括"资本主义国家人民的生活，美国黑人儿童的生活"。这里的变化使跨文化教育的目的更加指向社会发展，并提出跨文化参照的规定（通过学习外语更好地了解自己的母语）。

1963 年的中学英语教学大纲在教学目的上强调学习外语"进行国际交往，促进文化交流，增进与各国人民之间的相互了解""向友好国家和人民介绍我们的经验""加强与各国人民之间的联系，团结各国人民共同对帝国主义作斗争"。在教学内容上，要求课文反映"英语国家人民的阶级斗争和生产斗争、风俗习惯、文化和历史传统""有进步意义的作品，自然可以选用。虽然没有积极意义，但也无害的作品，只要语言方面确实有值得学习的地方，也可以选用。应该把一般人民的生活风习与资产阶级的腐朽生活方式区别开来。对于别国人民的生活和风俗习惯应该予以尊重，至于内容反动的，宣扬资产阶级生活方式、思想观点的文章，对学生有害，当然不应入选"。大纲就不同年级教学内容中的外国文化作出明确的规定。

这里的外语教学跨文化教育不仅强调学习外国文化，更强调向外国介绍我们自己的文化，包含跨文化传播能力的要求。

1966—1976 年，外语教育基本处于停顿时期。

1978—2000 年，中国进入改革开放时期，外语教育得到恢复，外语教学中的跨文化教育进入新的时期。

1978 年的《全日制十年制中小学英语教学大纲》，在教学目的中规定外语学习是为了"国际阶级斗争、经济贸易联系、文化技术交流和友好往来"，在教材中要"有选择地编入一些反映英美等国情况的材料和浅易的或经过改写的原著"，课文要包括"反映外国（主要是英国、美国和其他英语国家）的政治、经济、社会、文化、史地等方面情况的文章"，文化自身的规定性内涵重新成为外语教学中跨文化教育的主导因素。

1993 年的英语教学大纲在教学目的中规定，外语教学要"增进对所学语言国家的了解"，在教学原则中强调要"处理好语言教学与文化的关系"，指出"语言是文化的重要载体，语言与文化密切联系"，强调"通过英语学习使学生了解英语国家的文化和社会风俗习惯"，而且指出跨文化教育"有助于他们（学生）理解本民族的文化"。这是在我国的中小学外语教学大纲中第一次明确提出要处理好语言与文化的关系。

1996 年，中学英语教学大纲指出，"外国语是学习文化科学知识、获得世界各方面信息和进行国际交往的重要工具。通过学习他国的语言，加深对他国文化的认识和理解，学会尊重他国的语言和文化，进而更好地认识并热爱本民族的语言和文化，培养和提高学生的人文素质"。教学目的包括"增进对外国文化，特别是英语国家文化的了解"，在教学原则的"处理好语言和文化的关系"一节中，强调学习外国文化有助于学生"增强世界意识"。

2001 年，我国外语教学中的跨文化教育进入一个新的时期，跨文化教育不仅作为一个教学目标得到单独的确认，而且其内容与教学要求非常明确地单列在《英语课程标准（实验稿）》之中。

2001 年，我国最新的英语教育文件《英语课程标准（实验稿）》明确地将跨文化教育的内容作为一个单项列出。这份文件规定，英语教育的目标包括"文化知识、文化理解、跨文化交际意识和能力"，并具体规定各级不同的跨文化教育的目标。

2003 年的《普通高中英语课程标准》中进一步将"文化意识"与"语言技能""语言知识""情感态度""学习策略"并列为五大教学目标，文化知识的传授和文化意识的培养成了高中阶段英语教学的重要任务之一。综合语言运用能力的形成建立在与语言技能、语言知识、情感态度、学习策略和文化意识等素养整合发展的基础上，接触和了解英语国家文化有益于对英语的理解和使用，有益于加深对本国文化的理解与认识，有益于培养世界意识，有利于形成跨文化交际能力。

2018 年 1 月，教育部正式出版发行的《普通高中英语课程标准（2017 年版）》明确提出"普通高中英语课程的具体目标是培养和发展学生在接受高中英语教育后应具备的语言能力、文化意识、思维品质和学习能力等学科核心素养"。其中文化意识旨在培养中学生"一定的跨文化沟通和传播中华文化的能力"。跨文化交际能力培养成为中学英语教学的核心目标之一，这既是"新时代的要求，也是应对全球经济一体化的需要，更是汉语国际推广的战略需要"。

教育部颁布的《义务教育英语课程标准（2022 年版）》对义务教育英语课程在新时代的育人使命提出了新方向和新要求，重申英语课程具有"工具性和人文性双重性质"，并强调两者的统一，这有助于学生树立国际视野，涵养家国情怀，坚定文化自信，形成正确的世界观、人生观和价值观，英语教学从根本上突破了有"语言"、无"文化"的窘境。

我国大学的外语专业教育从 20 世纪 80 年代末就明确规定跨文化教育的内容。

张红玲研究团队通过 5 年跨文化外语教学研究，组织跨文化研究学者和授课教师对照《大学英语教学指南（2020 版）》中的相关描述和《普通高中英语课程标准（2017 版）》《义务教育英语课程标准（2022 版）》中的文化意识学段目标、文化意识学段分项特征、文化知识内容要求、英语学科核心素养水平划分、学业质量水平等相关内容，确定跨文化能力教学参考框架，具体如表 2-3 所示。

外语教育中跨文化能力教学参考框架　　　　表 2-3

能力		学段			
维度	层面（要素）	小学	初中	高中	大学
认知理解 Knowledge	外国文化知识 Foreign Cultural Knowledge	K-FCK-1　知道教材涉及的外国文化产品，如主要节假日、特色饮食、重要历史人物等；理解所学外语的日常交际用语及其语用规则	K-FCK-2　知道教材涉及的外国文化产品及其渊源，如历史事件、神话故事等；理解所学外语中词汇的文化内涵及不同情境中的语用规则；了解教材涉及的文化群体的生活方式、交际风格、思维方式、价值观念等	K-FCK-3　基本了解教材及阅读中涉及的世界各国历史地理、社会文化、政治经济、文学艺术等知识；理解所学外语中词汇、俗语、典故等的文化内涵；深入了解教材涉及的文化群体的生活方式、交际风格、思维方式、价值观念等	K-FCK-4　了解世界各国历史地理、社会文化、政治经济、文学艺术等知识；理解外语语篇包含或反映的社会文化现象；广泛、深入地了解世界不同文化群体的生活方式、交际风格、思维方式、价值观念等
	中国文化知识 Chinese Cultural Knowledge	K-CCK-1　在学习外国文化知识过程中，了解中国代表性的文化产品及其特点，如主要节假日、特色饮食、传统服饰、重要历史人物等；知道家庭、学校、社会的行为规范和礼仪，了解社会主义核心价值观	K-CCK-2　在学习外国文化知识过程中，了解中国历史文化、民族英雄、传统艺术、名胜古迹等；了解中国各民族的生活方式、社交礼仪、风土人情等，理解社会主义核心价值观	K-CCK-3　了解中国历史脉络及各时期重要事件、代表性人物、经典文学艺术作品等；了解当代中国社会、政治、经济和科技发展情况；了解中国各文化群体的交际风格和思维方式，深入理解社会主义核心价值观	K-CCK-4　熟悉中国历史、传统文化、哲学思想、经典著作等；了解当代中国在世界政治、经济、科技发展中扮演的重要角色及其对全球治理的贡献；认识中国文化多样性，深刻理解社会主义核心价值观
	普遍文化知识 General Cultural Knowledge	K-GCK-1　初步知道文化是什么，了解衣食住行、社交礼仪、社会禁忌等文化内容	K-GCK-2　基本理解交际风格、思维方式、价值观念等概念；了解语言交际和非语言交际在跨文化交际中的作用；初步理解人类命运共同体的概念及全人类共同的文化价值观	K-GCK-3　深入理解文化的内涵及其与语言的相互作用关系；了解"刻板印象""文化中心主义""文化休克"等概念及其对跨文化交际的影响；理解人类命运共同体的概念及全人类共同的文化价值观	K-GCK-4　认识世界语言多样性、文化多样性及其意义；掌握跨文化交际、文化价值观、文化身份认同等理论；深入理解人类命运共同体的理念及全人类共同价值

续表

能力		学段			
维度	层面（要素）	小学	初中	高中	大学
情感态度 Attitudes	文化意识 Cultural Awareness	A-CA-1 对文化心怀好奇，愿意学习、探索中外文化；有兴趣了解自己在家庭、学校等社会群体中的身份角色及相应的语用规则和行为规范；不惧怕与不同文化的人互动交流，尝试理解对方感受	A-CA-2 对不同文化持开放、包容态度，乐于了解文化差异；有意识地学习并遵守所属社会群体的行为规范；积极主动探索和学习中外文化，勇于和不同文化的人互动交流，有意识地照顾对方的感受	A-CA-3 对不同文化持尊重、理解态度，欣赏文化多样性；基于对中国历史文化的理解，形成较强的中国文化身份意识；愿意与不同文化的人相处与合作，具备基本的同理心	A-CA-4 尊重文化差异，主动换位思考；基于对中国历史文化和当代中国发展的理解，神话中国文化身份的认识；乐于和不同文化的人相处与合作，具备较强的同理心
	国家认同 National Identity	A-NI-1 有兴趣了解中国及其民族，乐于学习中国历史文化，关注当代中国发展，增强国家意识和民族自豪感	A-NI-2 乐于了解中华优秀传统文化和中国发展成就，感悟其精神内涵，形成较强的民族自尊和文化认同	A-NI-3 积极关注当代中国及其在世界政治、经济、科技发展中扮演的角色和面临的挑战，乐于用所学外语讲述中国故事，体现中国文化自信	A-NI-4 积极参与中外人文交流，勇于应对国际交往中对中国的偏见、误解和质疑，传播中国声音，增进国际理解，体现家国情怀和使命担当
	全球视野 Global Mindedness	A-GM-1 对国内外发生的重要事件有好奇心，有兴趣了解世界各国文化和人类文明发展，认识"地球村"的概念和意义	A-GM-2 在学习中国文化和外国文化过程中，积极探究文化异同，理解和欣赏世界文化的多样性和相通性，关注全球问题	A-GM-3 乐于关注当今世界发展动态，了解人类社会面临的全球问题，在丰富世界文化知识的基础上增强国际理解力和竞争力	A-GM-4 认识全球化和国际化的时代意义，认同人类命运共同体理念，有志于代表国家参与国际合作和全球治理
行为技能 Skills	跨文化体认 Intercultural Experiencing	S-IEr-1 能观察和辨识家庭、学校、社会中衣、食、住、行等的异同，并能用外语简单描述	S-IEr-2 能观察和辨识家庭、学校、社会中衣、食、住、行及社会习俗、社交礼仪等的异同，并能用外语描述和比较；能倾听他人的文化故事，通过观察、思考初步形成对不同文化的认知理解	S-IEr-3 能用心倾听他人文化故事，仔细观察，积极思考，形成对不同文化的认知理解；能用外语描述和比较不同文化群体在文化行为、思维方式等方面的异同	S-IEr-4 在广泛接触和学习世界文化的基础上，加深对中外文化的理解，逐步提升跨文化思辨能力；能用外语深入描述、比较和分析不同文化群体思维方式、价值观念等的异同

能力		学段			
维度	层面（要素）	小学	初中	高中	大学
行为技能 Skills	跨文化对话 Intercultural Dialogue	S-ID-1　能用外语做自我介绍，并就日常学习、生活等主题与不同文化的人礼貌、得体地交流互动	S-ID-2　能用外语讲述自己的文化故事，并能自信地与不同文化的人就日常学习、生活等主题进行交流互动，表达思想和观点；能冷静面对、简单分析人际交往中的误解和冲突	S-ID-3　能用外语讲述中国文化故事，并与来自不同文化的人较深入地交流观点和思想；在跨文化交际中遇到误解和冲突时，尝试从文化差异角度分析并解决问题	S-ID-4　能用外语与不同文化的人进行跨文化对话；遇到跨文化误解和冲突时，能从文化差异角度分析问题，积极采取应对策略解决问题，并建立与维护和谐关系
	跨文化探索 Intercultural Exploration	S-IEI-1　能在教师指导下，通过图片、歌曲、动画、书籍、报刊等了解中外文化；能初步反思自身跨文化交际行为和学习经历	S-IEI-2　能通过书籍、报刊、新媒体等渠道获取文化信息，认识不同文化；能通过合作学习，与同伴分享文化故事，交流学习体验；能比较深入地反思自身跨文化交际行为和学习经历	S-IEI-3　能就感兴趣的文化现象自主查找、获取相关信息，进行探索式学习；在深入反思自身跨文化交际行为和学习经历的基础上，基本掌握跨文化交际的普遍原则和一定的学习策略	S-IEI-4　经过反复实践、总结、反思和评价，掌握并能在实践中灵活应用跨文化交际的普遍原则；能自主探索陌生文化，形成一定的文化研究意识和能力

跨文化能力教学参考框架界定和描述大、中、小学各学段外语教学中跨文化能力教学的内容目标，确定认知理解（外国文化知识、中国文化知识、普遍文化知识）、情感态度（文化意识、国家认同、全球视野）、行为技能（跨文化体认、跨文化对话、跨文化探索）3 个维度、9 个要素的能力结构，每个要素依据小学、初中、高中、大学各个学段划分梯度和描述能力。

2. 教学内容（教材）

在教学内容（教材）层面，我国中小学外语教材一直包含着跨文化教育的内容。由于课程标准或教学大纲的差异，教材中的跨文化教育内容也不尽相同。

我国的英语教材一般有三种主要编写形式：一是由国人自行编写的；二是从外国（主要是英语国家）引进、经国内编写者适当修改调整的；三是中外合作编写的。

在第一类教材中，异民族文化主要依据中国编写者的选择来编写。如 1928 年出版的《文化英文读本》，就是以 1923 年的英语课程标准编写的英美文化选读。但这也往往因选择者、选择原则不同而在教材内容上出现很大差异。

第二类教材大多直接从国外引进，只是进行极少的修改，不是主流。这类教材对异民族文化的介绍基本都是从外国人的视点选择的，而不是依据中国文化自身发展对异民族文化的认知需求。

比较合理的跨文化选择是第三类的教材，这类教材既能体现中国文化自身发展中对异民族文化的认知需求，又能充分体现异民族文化自身的本质特征。《高中英语教材》（*Senior English For China*）就是中英合作编写的，对外国文化的选择基本体现了外国文化的特征，以及中国文化对外国文化的认知需求，同时还包括跨文化传播能力的培养。

当前我国的外语教材在跨文化教育方面具有以下不足：

（1）知识广泛但对跨文化教育突出不够。这些课文广泛地介绍异民族文化的知识，有助于学生尽可能全面准确地掌握异民族文化的知识。但是，这些课文内容显然对跨文化教育的知识突出不够，只是浅显的介绍，没有从跨文化教育进行选择设计，同时对跨文化实践的历史经验教训几乎没有提及。

（2）重知识、轻态度与能力。这些课文比较广泛地介绍了跨文化教育的知识，但没有说明如何通过学习这些课文形成积极的跨文化态度和能力，只能帮助学生获得跨文化知识，却不能引导学生形成积极的跨文化态度和有效的跨文化能力。所以，目前的教材还不能真正实现跨文化教育的目标，不能促进跨文化实践走向人道交往，也就不能实现教育的民族性与国际性的统一。

3. 教学方法

我国目前外语教育中的跨文化教育实践采取的教学方法还只是简单附加的方法，也就是在英语教育中添加补充一些异民族文化的知识作为教学内容。这一方法对跨文化的知识教学有较好的效果，但无法实现跨文化教育的态度、能力目标，学生更是无法直接体验跨文化的交往。

外语教育中的跨文化教育活动可以在本体文化的环境中开展，但更要充分运用外语教育的独有特点，让学生通过互联网等各种形式与外国人直接交往，以便直观地获得异民族文化知识，在交往的成功与失败中形成合理的跨文化意识和能力。

为了充分利用与外国人直接交往形成的跨文化教育的有效性，在学生与外国人直接交往之前，教师应该引导学生进行必要的知识、意识、能力准备。在与外国人直接接触之后，教师应组织学生进行相关的专题讨论，总结他们获得的跨文化知识，形成或强化跨文化态度与能力。

与外国人的直接交往可以采取面对面的形式，也可以采取更便捷的互联网形式。可以专门与有一定跨文化交往经历的外国人（比如曾经访问过中国或者在其他国家生活过的外国人）进行交往，以提高教学效率，也可以采取与同龄外国学生交往的形式；不过，同龄学生往往存在缺乏权威性的问题，因此，交往时可以适当安排外国老师在场（或者在线），以便在必要的时候给予一定的权威性支持。

（三）学校教育中其他学科的跨文化教育实践

除了外语学科内在地包含着跨文化教育之外，其他学科同样存在着跨文化教育的成分，下面分别从人文学科和科学学科分析跨文化教育实践活动。

1. 人文学科的跨文化教育实践方法

跨文化教育具有鲜明的人文色彩，因此，几乎所有的人文学科都具有跨文化教育的内涵与可能。

与外国历史、外国社会相关的社会、历史学科也是跨文化教育的主要学科。在教育部制订的《历史与社会课程标准》（实验稿）（一）、（二）与《历史课程标准》（实验稿）中，都有一定程度的跨文化教育内容要求。《历史与社会课程标准》（实验稿）（一）规定，该课程要让每个学生都"认识中华民族和整个人类社会的现实与历史""使学生继承和弘扬人类文明的优秀传统，吸取历史智慧，认同民族文化，具备开放的世界意识"。

课程内容中专门设计"世界历史与文化"部分。在课程标准的内容中还具体规定，要求学生"了解不同民族、不同地域生活习俗的差异，尊重不同民族的生活习惯""知道文化交流对人们文化生活的影响""知道世界主要的国际组织和区域性组织，了解它们在国际政治与经济合作、文化交流等方面发挥的作用""了解世界民族、语言、宗教的分布，理解世界文化趋同与趋异的双向发展过程"。

在"世界历史与文化"专题部分，要求学生"了解世界文明的发展趋势，认识现代文明的性质与特点，理解与尊重世界各民族的文化，增强为全人类进步作贡献的意识"。该课程还力图培养学生的"社会探究技能"。

但是，这些文件对于跨文化教育的规定依然不够全面和系统，对跨文化知识的传授大多不是从跨文化教育的视点说明，对跨文化意识的养成缺乏系统全面的规定与实践操作，对跨文化能力的培养过于强调材料的收集，而对于跨文化的判断、跨文化吸取与舍弃的分析都不够，跨文化传播能力更是没有提及。

艺术（音乐与美术）是联合国教科文组织倡导的开展跨文化教育的重要课程，课程中需要介绍外国艺术作品，让学生从外国艺术中感知外国文化。因此这些学科也是开展跨文化教育的基础学科。

2. 科学学科的跨文化教育方法

中国当代的科学教育包含西方文化的跨文化教育活动，数学、物理、化学、生物、地理等学科的教学内容中包含大量来自西方的科学思想、归纳演绎的思维方式、因果关联的逻辑思想、大量西方人物（牛顿、伽利略、爱因斯坦、瓦特、焦耳等）和事件（牛顿的苹果故事、伽利略的重力实验故事以及哥白尼的太阳中心说等）。

体育学科中同样包含大量的外国体育活动、外国体育人物、"游戏规则意识"等的介绍与评价。这些都是西方文化的重要内涵，是直接的跨文化教育活动。

虽然科学学科、体育等涉及跨文化教育，但都没有明确的跨文化教育的概念，更缺乏明确的系统的跨文化教育的指导。

在这些学科中，首先应从跨文化的视点传授跨文化知识，在传授异民族文化知识的同时，尽可能地从中国文化和异民族文化的不同视点介绍跨文化知识。

在不同学科中进行跨文化教育实践可以采取附加、融合、互动、实践的方法，比如在历史、历史与社会、语文、艺术等学科中明确地附加异民族文化（外国文学、外国艺术）的内容，采取融合的方法将异民族文化中的科学精神、规则意识等融合到相关学科中，采取历史参观、社会与历史专题探究、科学实践等互动的、实践的方法培养学生的跨文化意识和跨文化能力。

（四）我国没有明确的跨文化教育实践指导纲要

虽然跨文化教育实践由来已久，但是没有形成体系。由于没有明确的跨文化教育实践指导纲要，迄今为止，我国跨文化教育仅存在于零散的学科教育实践中，存在于教师自觉不自觉的跨文化教学活动实践中，未形成系统和普遍教育。跨文化教育的研究只是在教育纲要的特定学科课程标准中零星地提出一些指导性意见。例如，教育部国家英语课程标准课题组提出以"传授异民族文化知识、培养跨文化交往的情感态度、形成跨文化交往的能力"为英语教学的跨文化教育目标，但对如何实现这些目标并未提出具体规定。

社会教育中虽然一直存在跨文化教育成分，包括文化产品的输入输出、外国生活方式与节日的传播等，但关于"跨文化及如何'跨'"这一问题并没有明确、系统、自觉的教育体系进行指导。缺乏指导纲要的跨文化教育面对跨文化复杂多变的实际问题显然力不从心，难以达到教育目的，取得理想效果。

三、国内跨文化教育的困境

虽然我国的跨文化教育实践历史非常悠久，但至今没有形成完整的跨文化教育机制。在跨文化教育知识系统构建、外语学科教育教学和社会教育等方面，跨文化教育还有较长的路要走。

（一）跨文化教育的知识体系构建不完善

中国有着丰富的跨文化实践，特别是近代以来的跨文化历史实践，而且中国文化的自我特性非常突出，基于中国文化、中国跨文化实践的理论研究显然非常必要，也只有基于中国文化、中国跨文化实践的研究，才能真正指导中国的跨文化教育实践。

社会教育中一直存在着跨文化教育成分，大量的外国新闻报道、文化艺术、生活方式甚至商品进入学生的生活之中，但至今尚未形成明确、系统、自觉的跨文化教育活动，引导学生如何面对外来文化。缺乏指导纲要的跨文化教育实践显然很难达到有效的教育目的。

值得一提的是，部分英语教育工作者已经注意到跨文化教育理论这一新的思潮，他们结合英语教学实践对相关跨文化教育理念进行了思考。虽然目前这样的研究还不多，但结合英语语言的特殊性及其在国际上的地位，相信以后会逐渐增多的。

（二）外语学科中跨文化教育的不足

外语学科中的英语是很多学校的主要教学课程和教学语言之一（指用英语进行专业课程教学）。虽然很多国人在苦学英语，但仍然不能满足社会发展对精通英语的人才的需求。我国的学校教育在英语跨文化教育教学中存在困境。

在外语学科跨文化教育实践中，课程大纲逐步扩展了跨文化教育的目标，从"只是要求传授异民族文化知识"扩展为"传授异民族文化知识、培养跨文化交往的情感态度、形成跨文化交往的能力"，再到 2018 年 1 月教育部正式出版发行的《普通高中英语课程标准（2017 年版）》明确提出"普通高中英语课程的具体目标是培养和发展学生在接受高中英语教育后应具备的语言能力、文化意识、思维品质和学习能力等学科核心素养……培养中学生具有'一定的跨文化沟通和传播中华文化的能力'"，显然已经覆盖了跨文化教育的全部目标。但是在目标的具体内容上，课程大纲还没有提出具体的规定，而这恰恰是跨文化教育实践最为重要的内容。

我国的外语教材在跨文化教育方面存在以下不足：

1. 知识广泛但不够突出。课文广泛地介绍了异民族文化的知识，有助于学生尽可能全面、准确地掌握。但它太过浅显，没有依据跨文化教育理念选择设计，而且几乎没有提及跨文化实践的历史经验教训。

2. 重知识，轻态度与能力。课文比较广泛地介绍了跨文化教育的知识，但对于如何通过学习形成积极的跨文化态度和能力则未作过多说明。因此，课文只能帮助学生获得跨文化知识，但不能引导学生形成积极的跨文化态度和有效的跨文化能力。

（三）社会教育中跨文化教育的缺失

教育不只是学校的活动，社会生活对受教育者来说也是非常重要的。社会生活教育中存在着更广泛的跨文化教育活动，学生通过社会生活广泛接触社会，从而接触外来文化，甚至比在学校教育接触到更多的外来文化。在社会生活中，学生无时无刻不在接触异民族文化，例如，看外国新闻、吃麦当劳、喝可口可乐等。

但是，社会生活不是学校教育，难以直接地、有意识地、系统地培养学生的跨文化能力。目前我国尚未真正有意识地开展跨文化教育。社会教育中与跨文化教育密切相关的新闻传播业（包括互联网）、影视娱乐业等，分为国家主导部分和企业化部分。在国家主导部分，跨文化教育中主要是缺乏系统性教育；在企业主导部分，跨文化教育中的主要问题是利润至上、教育服从利润。

跨文化教育是一种文化教育，显然应该以学校教育为主，但同时需要全社会的参与，特别是跨文化态度与能力的形成更需要学生在直接的跨文化社会实践活动中获得。直接与外来文化接触，直接面对跨文化的摩擦甚至对抗，在大量的跨文化实践中形成跨文化的态度与能力，立足我国国情，放眼世界文化与教育的交流，才是我国跨文化教育研究的方向所在。

第三章

跨文化教育相关概念与核心要素

随着全球化、国际化的深入发展，文化之间的交流日益频繁，文化冲突、碰撞与融合时有发生、不可避免，更加需要了解自身文化以及对方文化，社会对人才的需求也提出了更高的要求。跨文化教育本着"尊重差异、和而不同"的观念，让受教育者从理解本民族文化发展的角度出发，进一步鉴赏其他民族的文化，并最终达到世界性文化间的交流与融合。

第一节　跨文化教育的内涵

面对尖锐、复杂、广泛的跨文化冲突，人类并没有束手以待，积极开展消解跨文化冲突，构建和谐发展、和睦共存的跨文化交往实践，跨文化教育就是其中一项行之有效的重要实践。

在探讨如何开展跨文化教育之前，必须界定跨文化教育内涵。本章将从文化与跨文化的基本概念入手，深入探讨跨文化教育的内涵。

一、文化与跨文化

（一）文化

在当今语言世界中，"文化"的涵义千差万别，大相径庭，规范"文化"的语义，成为当今一大学术难题。学者们已经为"文化"一词厘定出成百的定义。

把握"文化"这一概念的基本内涵，必须从语词的非语境文本涵义开始。

在古代汉语中，"文"与"化"是两个单字。《康熙字典》中"文"是名词，指文字、书籍以及运用语言文字的能力。"化"是动词，是化育、化成、转化之意。"文化"二字的连用，其语义为"以文德教化天下"。

在现代汉语中，"文化"二字已成为一个固定词语，而且是多义词。

在《现代汉语词典》中的含义是：

1. 人类在社会历史发展过程中所创造的物质财富和精神财富的总和，特指精神财富，如文学、艺术、教育、科学等。

2. 考古学用语，指同一个历史时期不依分布地点为转移的遗迹、遗物的综合体。同样的工具、用具，同样的制造技术等，是同一种文化的特征，如仰韶文化、龙山文化。

3. 指运用文字的能力及一般知识：学习~ / ~水平

在西方语言中，"文化"也是一个多义词。比如英语中的"culture"一词，源于拉丁语，其古典语义为耕种、驯化、培育等。根据英语词典《麦克米伦英语高级学习词典》

（*Macmillan English Dictionary for Advanced Learners*）中的释义，"culture"在当代英语中的语义是（图 3-1）：

culture¹ noun

    1 [uncount] activities involving music, literature, and other arts

    2 [count or uncount] a set of ideas, beliefs, and ways of behaving of a particular organization or group of people

    □ CANTEEN CULTURE, YOUTH CULTURE

    2a. [count] a society that has its own set of ideas, beliefs, and ways of behaving

    2b.[count or uncount] a set of ideas, belief, and ways of behaving of a particular society

    3 [count] SCIENCE a group of bacteria or cells that have been grown in a scientific experiment

    3a.[uncount] SCIENCE the process by which a group of bacteria or cells are grown in a scientific experiment

    4 [uncount] TECHNICAL the process of growing crops or BREEDING antmals

culture² verb

[transitive] SCIENCE

to grow a group of bacteria or cells in a scientific experiment

图 3-1 《麦克米伦英语高级学习词典》中"culture"的释义

图中语义翻译为：

文化 1 名词

1[不可数] 与音乐，文学和其他艺术相关的活动。

2[可数或不可数] 一个特定的组织和一个特定的人类群体的观念、信仰、行为方式体系。

参见：*CANTEEN CULTURE，YOUTH CULTURE*

2a.[可数] 一个有自己的观念、信仰、行为方式体系的社会；

2b.[可数或不可数] 一个有自己的观念、信仰和行为方式体系的特定社会群体。

3 [可数] **科学** 一组为了科学实验而培育的细菌或细胞。

3a. [不可数] **科学** 为了科学实验而培养细菌或细胞的过程。

4 [不可数] **技术** 种植庄稼和养育动物的过程。

文化 2 动词

[及物] **科学** 在科学实验中培育一组细菌或细胞。

显然，英语中的"culture"比汉语中的"文化"语义更广泛。

无论在汉语中还是在英语中，"文化"和"culture"都是与教育有关联的多义词。语义学的理论指出，把握多义词的内涵不能脱离语境。因此，对于"文化"这个多义词，同样无法离开语境去理解"文化"的内涵。

我们需要考察"文化"在教育性的学术语境中的涵义。

"文化"作为一个学术术语，首先出现在英语中。1871年，泰勒（E. Tyler）在其著作《原始文化》中，提出了"文化"的第一个学术定义："所谓文化或文明，乃是包括知识、信仰、艺术、道德、法律、习俗以及包括作为社会成员的个人获得的其他任何能力、习惯在内的一种综合体"。

20世纪20年代，在现代汉语中出现真正学术性的"文化"释义。1922年，梁启超提出现代汉语中的第一个学术性"文化"定义："文化者，人类心能所开释出来之有价值的共业也。"此后，"文化"一词在现代汉语中获得越来越多的学术阐释，特别是20世纪80年代，在中国出现"文化"研究高潮之后，对"文化"的定义更是迅猛增加。

在世界各国对"文化"的众多学术性定义中，以下四个定义具有代表性：

1.1954年，美国文化人类学家克罗伯（Kroeber）提出了自己的定义：

"文化应包括五种含义：

（1）文化包括行为的模式和指导行为的模式。

（2）模式不论外现或内含，皆由后天学习而得，学习的方式是通过人工构造的符号系统。

（3）行为模式和指导行为的模式，物化体现于人工制品中，因而这些制品也属于文化。

（4）历史上形成的价值观念是文化的核心，不同质的文化，可依据价值观念的不同进行区别。

（5）文化系统既是限制人类活动方式的原因，又是人类活动的产物和结果"。

这一定义既综合了各种不同定义，更提出了独到见解，特别强调"文化"的行为特征和"文化"学习性的特性。这一定义具有强烈的人类学色彩，强调"文化"的人类学因素，而不强调"文化"的社会性。克罗伯的定义强调"文化"是群体的，而不是个体的，"文化"与自然有本质的关联性等因素。

2.中国文化历史学家冯天瑜在研究中外不同类型的数十种具有代表性的"文化"定义之后，提出自己对于"文化"的定义：

"文化的实质性含义是'人类化'，是人类价值观念在社会实践过程中的对象化，是人类创造的文化价值经由符号这一介质在传播中的实现过程，而这种实现过程包括外在的文化产品的创制和人自身心智的塑造。简言之，凡是超越本能的、人类有意识地作用于自然界和社会的一切活动及其产品，都属于广义的文化；或者说，'自然的人化'即是文化"。

这一定义明确了马克思主义的"自然的人化""人类化"作为"文化"的本质，强调人类的社会实践过程，多考虑人类社会发展史的历史唯物主义视角，并综合不同文化学派的观点。这一定义重视人类化的作用，具有重要的意义。但是，由于这一定义是基于文化史的研究提出的，因此，主要强调"文化"发展的相关因素与环境，没有考虑"文化"的传承与习得等个体性因素，也没有从现实生活界定"文化"。

3.1982年，联合国教科文组织在墨西哥城召开世界文化政策大会，讨论并提出"文化"定义，被认为"国际上的看法"，是126个国家、94个组织、960多名与会代表对"文化"观点的综合。会议发表的《墨西哥城文化政策宣言》对"文化"作出这样的界定："会议表达了人类各种文化和精神目标的最终会聚的希望，并承认：从最广泛的意义讲，文化现在可以看成由一个社会或社会集团的精神、物质、理智和情感等方面的显著特点构成的综合的整体，不仅包括艺术和文学，而且包括生活方式、人类的基本权利、价值体系、传统和信仰""文化赋予人类对自己进行思考的能力。文化使我们真正成为有理性的、有批判精神的、有道德的人。通过文化，我们认清了价值的意义，并进行抉择""他们（会议的参加者们）并不忽视知识和艺术活动中所表现出的创造性，但认为应该扩大文化的概念，使其包括行为模式以及个人对他或她自己、对社会和外界的看法。由此出发，社会的文化生活可以看作是通过它的生活和生存方式，通过感觉和自身感觉、行为型式、价值系统和信仰表现出来的"。

这一定义综合了众多不同的观点，强调"文化"的社会群体特征，特别强调"文化"的两个核心因素：生活方式与价值观念。这一定义突破了只强调价值观念的界定，从而使我们从鲜活的生命存在中把握"文化"的内涵，对于理解"文化"内涵具有重要的现实意义。这一定义特别指出"文化"之于人类的独特价值，即赋予人类思考的能力，以及理性、批判精神和道德，使"文化"的教育性功能凸显。

世界文化政策大会上制定的这一定义主要是从现实的"文化"界定"文化"，没有强调"文化"的学习性、传递性、传统性，也没有强调"文化"发生发展的环境因素。但是，这一定义特别强调"文化"包括生活方式、人类的基本权利等当前时代的重要内容，表现出时代价值。

以上三个有代表性的定义都具有本身的综合性和方法的综合性。这些定义从各自的视点观察"文化"，从而提出对"文化"的理解，涉及"文化"的各个方面，综合了很多已有"文化"定义的不同内涵。

4.在教育语境中，尤其是在跨文化教育语境中考察"文化"，需要把握"文化"的以下三个方面。

首先，"文化"是人类对自然的人化，包括对社会自然的人化。这里的自然既包括山川万物的物质自然，又包括人类自身的内化自然和社会自然。人类通过有限地、逐步地改造大自然（使其更适合生存），逐渐学会了如何与大自然共存。人类对大自然的改造就是大自然的人化。人在改造自然的过程中不断驱使自己的生理基础逐渐人化。对于个人而言，在成为一个社会成员之前，社会是外在于自己的。人从生活中进入社会，建立起自己的社会关联，从而在"文化"的意义上实现了个人的社会化与"文化"化。

对于不同时代的人而言，历史传承下来的文化传统都可以看作社会自然。因此，改造文化传统也就是对历史文化的社会自然进行当代的人化。对于不同群体的人而言，其他人类群体的文化也可以看作社会自然。因此，与异民族群体的跨文化交往就属于对社会自然的人化。而整个人类相互的跨文化交往则属于整个人类对人类跨文化交往的人类化。在教育的视点里，对于个人而言，"文化"是个人意义上的人化，就是个人不断对人自然、生理基础、社会关联进行人化的过程。

其次，"文化"是可以学习的，"文化"通过教育等形式向后代传承。"文化"不是一日形成的，而是通过民族的长期积淀形成的。传承是"文化"得以绵延存续与不断发展的关键。教育自古以来就是重要的文化传承方式，对教育内容的选择，实际上就是对传承的文化进行选择。教育决定了传承文化的内容，同时也决定了延续与发展文化的内容，因此，教育对于人类文化发展的重要使命就是对教育内容的文化选择，也就是传承什么样的文化。

最后，文化包括观念、生活方式等，其中既有积极因素，又有消极因素。文化是一个群体长期形成的价值观念和生活方式，但是，这些价值观念和生活方式并不都是积极的，很多是消极的，任何文化均是如此。例如，文化中既存在民族凝聚力，又存在因社会阶级、宗教、地域等因素形成的内在排斥力；既存在学习外来文化的开放心态，又存在闭关自守、故步自封的封闭心态；既存在以世界为师的心态，又存在夜郎自大的心态；既存在四海之内皆兄弟与放眼世界的心态，又存在妄自菲薄与妄自尊大的心态。

同一文化还可能存在先进与落后的不同因素，中国文化中就既存在"日日新，又日新""周虽旧邦，其命维新"的不断革新、创新的精神，同时存在"复周公之礼""祖制不可违"的守旧、守成的保守思想。既然文化具有传承性，那么选择什么观念与生活方式作为传承的内容显然是非常重要的。毫无疑问，理想的教育应该是传承积极的文化成分，摒弃消极的文化成分。

文化并不等于教育，文化是濡化而习染的，文化以化为通道；而教育是教化而养育的，教育则以育为通道。但是，文化与教育又是密切关联的。广义地说，教育是一种人类的文化活动，是人类文化传承与发展不可或缺的基本途径。教育的观念、制度、行为是文化的观念、制度、行为因素的重要组成部分。教化之育，最终通过濡化之内发而内化。如前所述，文化是教育的内容，是教育的基础，也是促进与制约教育的重要因素，教育是获得文化的途径。文化的濡化可以通过教育内化实现。

（二）跨文化

文化是大自然、内在自然、社会自然的人化。对于一个群体、一个民族、一个国家而言，文化就是民族国家意义上的人化，是民族国家对大自然、内在自然、社会自然进行人化。

一个民族的社会自然就是与这个民族所交往的整个世界，主要是与这个民族相交往的其他民族。这些异民族的文化显然不属于本民族的文化。人类群体在与其他群体交往的过程中改造自己的文化，形成专门用于处理与其他群体关系的文化，包括开放或封闭等不同的观念，学习外语、出国留学等生活方式，以及外交制度等。对于人类群体而言，改造社会自然不只是社会化，而是国际化，可以使本民族成为国际社会的积极成员。

一个民族的文化中既具有民族性的成分，又具有国际性的成分。文化的民族性成分就是相关于本民族的观念、行为等文化成分；文化的国际性成分表现为不同文化群体之间交往的价值观念、生活方式、制度等。这种不同文化群体之间的交往就是跨文化的交往。

跨文化的交往作为文化之间的关联形态，与人类文化同时发生，与人类文化同时发展，这是因为跨文化的交往是人类文化发生与发展的必然形态。

马克思指出，"个人是社会存在物"，人的"类存在则在类意识中确证自己，并且在自己的普遍性中作为思维着的存在物自为地存在着"。人作为类的存在，不可能独生独长于天地间。人的社会性决定了交往的必然性。

个人之间的社会交往是实现个人与社会关系的人化，是实现个人社会化的必要条件。而不同民族之间的跨文化交往则是实现本民族与异民族关系的人化，是实现本民族国际化的必要条件，这就是跨文化交往的实质。

不同文化群体之间的跨文化交往促进人类社会的发展，而社会的发展又进一步要求和促进跨文化的关联。

从人类学近代以来对原始部落的研究可以看出，一个文化群体在跨文化的交往中实现国际化，而这种国际化反过来又促进了该群体的文化发展。

随着社会发展，促进跨文化交往的技术越来越便捷。在距今 2000 年以前，人类社会的交往技术仅是鼓声、烽火、快马；在距今 1000 年以前，人类社会的交往技术仍然是八百里加急的快马；而在当代社会，人类社会已经通过电子技术实现同步化交往。今天，人类不同群体之间的跨文化关联越来越密切、深入，这种交往能够实现新产品的全球同时发布、新技术的全球同步共享。人类的跨文化关联促进了全社会的发展，而社会的发展又增强了人类的跨文化关联。

如前所述，由于文化中既有积极的成分，又有消极的成分，导致人类在跨文化的交往中也必然会出现积极的交往和消极的交往。

跨文化交往中的关联形式主要表现为以下三种：

1. 不同文化群体之间为了促进各自发展和加强相互交融，消解与弱化跨文化冲突形成的各种相互关联形态，比如跨文化的认知、交往、借鉴与摄取等积极的跨文化形态；

2. 不同文化群体之间因为跨文化的交往出现的跨文化的误解、矛盾、冲突、征服等消极的跨文化形态；

3. 不同文化之间在平等交往中形成的相互尊重、宽容、美美与共、求同存异的共同存在、共同发展、共同繁荣的理想的跨文化形态。

跨文化交往的这种情形要求教育在对文化进行选择时，应选择那些促进跨文化积极交往、理想交往的文化成分，这就是跨文化教育的根本。跨文化交往是人类的一种文化实践活动，在选择相关内容进行传承的过程中，自然要开展有关跨文化交往的教育。

二、跨文化教育

（一）跨文化教育的定义

人类的社会历史实践必然出现跨文化实践，而在教育实践中就是跨文化教育。跨文化教育与人类教育同时起源，虽然具有悠久的历史，但直到 20 世纪 70 年代才开始进行理论探讨，而真正形成学理性的研究则是在 20 世纪 90 年代联合国教科文组织的文献之中。

联合国教科文组织 1992 年发布的国际教育大会建议书《教育对文化发展的贡献》中正式提出跨文化教育。该文件在界定跨文化教育之前，先界定"文化教育"，指出文化教育中必须包括跨文化教育。

该文件指出，文化教育包括：

（1）对文化遗产的知识和鉴赏的介绍以及对现代文化生活的介绍；

（2）熟悉各种文化得以传播和发展的过程；

（3）承认各种文化具有同等的尊严以及文化遗产与现代文化之间牢不可破的联系；

（4）艺术教育与美学教育；

（5）伦理与社会价值观教育；

（6）传媒教育；

（7）跨文化教育或多元文化教育（intercultural / multicultural education）。

接着，该文件提出对跨文化教育的学术性说明："跨文化教育（包括多元文化教育）是面向全体学生和公民设计的、促进对文化多样性相互尊重与理解的丰富多彩的教育。实施这种教育不应局限于提供一些补充性内容，或局限于辅助性教学活动和某些学科，而应推至所有学科和整个学校。这种教育要求教育工作者和所有合作伙伴，包括家庭，文化机构与传媒共同负责。基于普遍的理解，跨文化教育（包括多元文化教育）包括为全体学习者设计的计划、课程或活动，而这些计划、课程或活动在教育环境中能够促进尊重文化的多样性，增强对于不同团体文化的理解。此外，这种教育还能够促进学生的文化融入和学业成功，增进国际理解，并促使与各种歧视现象作斗争。其目的应是从理解本民族文化发展到鉴赏相邻民族的文化，并最终发展到鉴赏世界性文化"。

这一界定具有广泛的指导性，宽泛地界定了跨文化教育，特别说明了跨文化教育的目的。这一界定对联合国教科文组织倡导广泛开展跨文化教育具有方向性作用，强调对跨文化交往中观念态度的培养，要求引导学生"尊重、相互理解""鉴赏相邻民族的文化""鉴赏世界性文化"，同时提出跨文化教育"增进国际理解""同各种歧视现象作斗争"的重要意义。这一界定还指出，跨文化教育不仅要在学校教育中开展，还要在家庭、文化机构、传媒等社会教育领域中开展。

这一定义将多元文化教育包含在跨文化教育范畴之中，跨文化教育包含一个国家不同民族之间的教育，而非仅限于不同国家的文化层面，这是从文化的本质对跨文化教育范畴的科学把握与界定。

这一界定是联合国教科文组织的历史性突破，是人类社会第一次在国际范围内正式倡导跨文化教育，不仅强调对其他国家文化的理解，而且强调尊重、鉴赏其他国家的文化和世界性文化。这一倡导拓展了联合国教科文组织所倡导的国际理解教育，强调不同文化群体的相互理解。

这一界定提出"世界性文化"的重要概念，实质上是倡导从人类的类存在层面把握人类的类文化。世界本质上是全人类整体意义的世界，也就是构建"人类命运共同体"理念。在一定意义上，"世界性文化"可以理解为对人类文化概念的超越，因为世界不仅是人类的，而且包括人类与大自然的关联、人类不同群体之间的国际性关联。

但是，这一界定没有规范跨文化教育的本质，也没有界定跨文化教育的基本内涵，只是对跨文化教育范畴进行了解释。由于这个界定是联合国组织的定义，恰恰导致了局限性，它探讨了跨文化教育的目的，却没有明确提出"通过跨文化教育学习异民族文化"的基础性目的。这与国际组织需要保持国际立场，不介入国家民族文化主权之内的文化选择（吸取哪些外来文化、舍弃哪些外来文化等）有关。

1998年我国出版的《教育大词典》中编写"跨文化教育"（cross—cultural education）词条，该词典对跨文化教育的定义是：

跨文化教育：

（1）在多种文化并存的环境中同时进行多种文化的教育，或以一种文化为主、兼顾其他文化的教育。

（2）在某个文化环境中成长的学生，到另一个语言、风俗、习惯和价值观、信仰都不相同的文化环境中接受教育。

（3）专门设置跨文化的环境，让学生接受非本民族语言、风俗、习惯和价值观的教育。

这一描述性定义力图通过列举多种跨文化教育的形态（比如多元文化教育形态、留学生教育形态、外来文化教育形态）来定义跨文化教育。

虽然这一定义是在联合国教科文组织提出定义六年之后才编写的，但没有参考联合国教科文组织对跨文化教育的界定，而是独立地提出新的界定。这一界定更为宽泛，明确地将留学生教育这一特殊教育形式包括在跨文化教育的形态之中。但是，这一定义对各种不同的跨文化教育形态的共性没有进行规范性说明，更没有揭示跨文化的本质和说明跨文化教育的目的，总体上没有超过联合国教科文组织的界定。

国内学者鲁卫群将跨文化教育界定为，跨文化教育（intercultural education）是对某一文化（a certain culture）的受教育者进行相关于其他人类群体文化（other cultures）的教育实践活动，主要通过学校的教学计划、课程或实践活动进行，并通过家庭、文化机构和各种传播媒体等社会教育途径开展。以此（跨文化教育）引导受教育者获得丰富的跨文化知识，理解异民族文化；养成开放、平等（不歧视）、尊重（鉴赏），宽容，客观（无偏见）、谨慎的跨文化态度；形成有效的跨文化认知、比较、参照、取舍、传播的能力，学会客观地分析跨文化历史，合理地面对跨文化现实，积极和谐地发展跨文化交往，促进民族意识与国际意识的统一；参照跨文化实践的历史经验教训，努力消解与弱化当前复杂的跨文化冲突，学会面对纷繁的跨文化摩擦，尽可能遏止跨文化对抗（尤其是战争形态的跨文化对抗）的出现，建构和谐的跨文化交往的社会，保护与促进人类文化丰富多彩的多样性存在，促进人类不同文化的和睦共存与相互学习借鉴，倡导跨文化实践努力走向人道的世界性的交往，走向人类的类存在的世界历史，促进人类的类文化的和谐发展与各民族文化的和谐发展与共同繁荣。

跨文化教育主要体现在"跨"上，不偏不倚，既不强势也不示弱，在接触不同文化、民族和国家的生活实践中，广泛了解不同于本国本族的政治、经济、文化、宗教、道德观念和日常生活，对异国异族有更深层的认识，继而才能够从中选择本民族成员认可与遵从的文化，选择适合本族文化发展的伦理、价值，将之融入自身的文化体系之中。

跨文化教育旨在鼓励人们在遵守共有约定的规范下相互尊重、相互理解、彼此协调，提倡各种文化之间平等地相互作用，共享文化，使人类获得更好的发展。在全球化时代，面对文化的多样性和复杂性，跨文化教育以主动之态，利用比较、参照、传播、舍弃、合作等方式，帮助受教育者了解不同文化的价值体系，在继承和保持本民族文化的基础上，既尊重其他文化，又能有效应对强势文化；既反对统一文化，又能批判全球主流统治文化；既减少负面的思维定式，又正确对待种族歧视等负面群际态度，消除族群间的认知偏见，使之形成客观、无偏见的跨文化观念与世界意识。

（二）跨文化教育的特征

1. 多样性与差异性

文化多样性是指各不相同的文化广为存在的事实。全球化时代，"多元文化""文化的多样性"等词汇常常被用来描述社会现状。民族、种族、文化、语言和信仰的多样性在世界大多数国家都存在。从 20 世纪 80 年代起，世界出现移民潮，移民格局更趋复杂，不仅有劳工移民，而且出现了有着较强专业背景的工作移民和技术移民；移民国家因此获得了更多的技术转移和智力服务，但是也要为迁移进来的各个族群提供保留他们社区文化的机会，多元文化共存的现象在大多数国家普遍都有，是现代社会的常态。2005 年 10 月 20 日，第 33 届联合国教科文组织大会在巴黎召开，通过了《保护和促进文化表现形式多样性的公约》(以下简称"公约")。该公约是继 2001 年教科文组织通过《世界文化多样性宣言》后再一次强调"文化在不同时间和空间具有多样形式，这种多样性体现为人类各民族和社会的文化特征和文化表现形式的独特性和多元性"。

全球化增强了各国在国际上的相互联系，不同国家的文化交流呈现出多元化趋势，但同时也对文化实践的多样性造成了负面影响，存在跨国移民对自身文化身份的不确定性和迷茫。

世界各个民族以各自不同的自然和社会环境为基础，逐步形成与发展起来。不同的环境造就不同的民族和种族，他们的独特传统形成不同特点，呈现出千姿百态、各具特色的文化体系。《世界文化多样性宣言》曾经明确指出，文化在不同的时代和不同的地方会呈现不同的表现形式。因此，世界文化的多样性和人类社会的多文化性是人类社会的基本特征，现实性地反映出不同文化之间必然存在互相碰撞、互相作用的形式。

文化的多样性还意味着文化差异的丰富性，文化差异包括民族差异和时代差异。民族差异是指由民族文化形成的地理环境和社会环境各不相同，因此人们的生活经历、过程和体验，以及由此产生的价值观、人生观和思维方式亦各不相同。民族文化建立在各自文化传统之上，其再发展受已有文化规范的制约；在全球化时代，文化的共同性越来越多，但由于任何文化无论怎样发展，都不会摆脱传统，而是不同时代的创新和延续，因此民族文化的差异不会消失。

文化的时代差异是指同一文化从起源到发展的过程中，在不同的历史阶段有所变化，发挥的作用也有所不同。文化的时代差异以人类历史与文化的发展规律为前提，文化对生产力的促进作用以及对其他文化的包容度和开放性为其进步原则，发展水平和进步程度的不同造成民族文化的时代差异。全球化时代，不同文化之间的互动更加密切，民族文化更容易发觉自身存在一些不利于当代经济、社会发展的因素，需要正确甄别并借助当代文化共享的便利条件，寻找出可以弥补自身文化某些"缺陷"的因素，文化的互补思想正因为文化差异的存在而凸显意义重大。

由于世界范围内日趋加深的种族、文化、语言、信仰方面的多样化趋势，面向 21 世纪的教育必须更注重对文化多样性的研究。2010 年，联合国教科文组织发布《着力文化多样性与文化间对话》(*Investing in Cultural Diversity and Intercultural Dialogue*)，这是联合国教科文组织成立 65 年来首份关于文化的世界报告。报告指出，全球化在给文化多样性带来机遇的同时，又提出了严峻的挑战，"总的来讲，国际交流的全球化几乎导致所有国家的文化交流呈现多元化趋势，伴随并促进了人类向多元文化归属和某种文化身份'复化'的方向发展。但是，我们也不能因此忽视全球化的力量对文化实践的多样性所造成的负面影响。全球化的主要影响之一就是削弱某种文化现象与其地理位置之间的关联，将原本遥远的事件、影响或体验带到我们身边。这种削弱有时会创造机遇，有时却会造成不确定性和身份的迷失"。

在全球化时代，人类的文化交往发生了革命性的变化，表现为范围广、领域多、频率高、速度快。文化不再是以前人们认为的固定、封闭和静止不变，全球化进程使得不同文化之间的碰撞、借用和交流更具有系统性。全球化使得每一个社会共同面临文化挑战，应对这种挑战的关键首先在于如何对待文化差异，以承认、保护、理解和尊重的方式进行调和是基本原则，同时由于文化差异，不同文化之间的互动也会形成一些普遍价值观，对此需持肯定态度并进行宣扬。

典型例子是东欧移民潮。东欧移民与移民国家的母语基本一致，无语言障碍，但仍存在自己的文化特色。移民的迁入推动了社会文化的多元发展，使得各文化群体都在考虑，如何在这样一个多元化的社会中被接受并得到支持。因此，多样性的群体相互尊重并开展有效合作，既是对自身文化共同体的支持，又是促进民主国家发展的基础之一。这种共识使得各个国家更加深刻地认识到相互理解、和睦共处的重要性，因而加强了对文化多元性与差异性教育实践的研究。例如，德国非常重视如何接纳和教育移民的问题，对文化差异性进行深入研究，积极思考对策，以便顺利解决移民遇到的各种社会文化问题。为了妥善解决这些文化差异，德国在学校教育中聚焦文化多元性和差异性，帮助学生分析和比较自身文化与其他文化，了解自己，理解他人，快速适应并融进多元文化的社会。这些实践活动为教育在文化方面的发展奠定了一个理念，要尊重每一个个体、包容每一种文化。这种对多元文化的关注，形成了新的面向全体国民的教育。法国等其他西欧国家也采取措施，强调以学生为中心的学校教育，建立以移民为中心的社会文化圈，改变教学方法和学习观念，使之成为学校应对文化多样性和差异性的重要举措。

文化多样性带动跨文化现象，引发跨文化教育。"公约"指出，"文化多样性不仅体现在人类文化遗产通过丰富多彩的文化表现形式来展现、弘扬和传承，而且体现在借助各种方式和技术进行艺术创造、生产、传播、销售和消费的多种方式"。将教育与跨文化结合就是引导整个社会逐渐向尊重和理解文化多样性的方向发展，在平等、广泛的基础上开展不同文化之间的对话与交流。跨文化教育就是培养人们形成通过理解本国文化，进而欣赏他国文化，最终具备鉴赏世界性文化的能力和素质。此外，"公约"还提出了"文化间性"的命题，鼓励各民族承认不同文化的存在，要通过建立平等沟通机制开展文化互动。"公约"保护文化多样性的措施和原则（包括信息共享和交流、国际合作、可持续发展、国际磋商与协调、文化理解等）为各国开展跨文化教育指引方向。"公约"一经颁布，100多个国家表示认同并签署加入，欧洲许多国家的跨文化教育就是围绕文化多样性制定相关策略开展的。

全球化时代，首先要承认发生在不同文化族群之间的文化差异，这是理顺人际关系的基础。认识文化差异是为了培养学生对人的尊重态度，跨文化教育就是如何看待文化差异，找到应对问题的途径，这样才能在跨文化环境中获得满足感和幸福感，进而促进社会的和谐与发展。

跨文化教育是系统工程，包括多文化社会中的文化自身、价值选择、自我调节、自我适应、自我发展、和谐互动等。跨文化教育保证一些程序性知识的优先地位，这是个性问题、意境创造、个性意识的基础。跨文化教育帮助学生形成文化多样性观点；培养学生尊重其他民族文化，对待文化差异的积极、宽容的态度；发展他们与其他文化承载者互动的技能和技巧。

2. 开放性与互动性

伴随着全球化时代的到来，在外来文化与本土文化之间，外来文化与外来文化之间进行着频繁的文化交流活动，使得各国逐步形成新的教育形势，主要特点是教育内容的民族文化多元性、重视双语教学的作用、提高对世界不同民族文化的兴趣、活跃文化教育学思想。当从属于不同语言文化的人共存于一个多元文化环境时，文化的相互碰撞、影响和渗透将引起个体的文化适应问题。这些人是否有意识地把各种文化结合起来，是否以与之有对话倾向的人为目标，是否可以达到与各族人民的相互理解，都需要进行以熟悉文化和社会价值为重点的教育。在这样的情况下，开展反映本民族文化因素与其他文化在个性形成中相互作用、相互联系、相互影响的跨文化教育，就具有特殊的意义。

目前对于全世界来说，跨文化教育是一个现实问题，几乎每个国家都体验、经历过发生在或是民族之间，或是种族之间，或是不同教派之间的冲突，这种冲突的根源在很大程度上是由于不同文化之间的误解与冲突。教育系统的发展趋势是建立在社会公正、经济稳定、文化和谐、生态文明的原则基础上。教育是平等的、公共的、连续的、理智的、民主的、一体化的，表现出总体世界的愿望，热爱和平，追求和谐，探索将具有进步因素的有生力量甚至对立力量、趋势结合起来的方式。

全球化时代，随着世界各国在经济、文化、科学、技术等领域的发展，各国之间的联系更加密切，现代文化之间的接触越来越多，正在失去封闭性，全世界正呈现多种文化的局面。在这种形势下，需要找到一种适合当今社会文化形势和教育革新的新的教育范式，跨文化教育的提出恰逢其时。

任何国家和民族的文化都不可能孤立发展。从历史上看，单一的文化会加强保守性和排他性，导致社会和文化发展缓慢。而能够吸收、借鉴邻近国家和其他民族，甚至地域较远的国家和民族的文化，形成开放的、多种文化交流的氛围，其社会经济和文化就发展得较快。国家和民族间的文化借鉴都是相互的，促进国家、民族和个人跨文化能力的提升，需要通过教育来实现。

教育是人类文化发展的结果，在这一发展过程中，出现了与世界的、民族的和其他的文化基础相适应的新的文化个体。现代教育观念指向个人，指向个人的文化发展和自我实现，这是以国内外学者所进行的基础研究为依据的。全球化拉近了各国、各民族之间的空间距离，不同文化之间的交往密切与频繁，认清对外开放和平等互动的文化特性十分必要，跨文化教育自身就具备这样的特性，是全球化时代处理各种文化现象的有力工具之一。

3. 包容性与多语性

跨文化教育的目的是通过教育培养人们面对不同文化的态度和能力，尊重文化差异，重视文化平等，促进不同文化之间的相互理解，提高人们在跨文化环境中的适应能力。跨文化教育的概念与教育平等、教育民主紧密相连，主张各种文化的共存、共荣与和谐发展。在跨文化教育中，平等、宽容、合作的态度与适应、对话的能力需要通过教育来实现。

跨文化教育的特点是提供具有包含多个对象的教学计划，该教学计划能够传授周围世界的多方面知识。跨文化教育在教学、教育层面是站在跨文化的立场上进行合作和对话，遵守人文主义原则，化解排挤其他文化的企图，在多元文化环境下掌握文化教育内涵。全球化下不同文化的遭遇对跨文化教育提出了更多的需求，跨文化教育保证了文化的平等对话，保证了知识、态度、技能的完美整合。

为了更好地理解对方的文化并与之进行有效沟通，学习对方的语言是最简单、最直接的跨文化实践途径，因此跨文化教育首先支持多门外语语言的习得。通过对方的语言深入了解异文化，更容易形成宽容、尊重的态度，更能有效地与不同国家的人们开展跨文化互动。

20世纪下半叶以来，由于全球出现强劲的国际化和一体化趋势，跨文化教育在全球交往中的作用逐渐增强。由于文化差异广泛，在多元文化的社会共同体条件下，个人的文化适应和文化认同具有深刻的影响力。跨文化教育涉及哲学、心理学、社会学、医学、法学、文化学和其他科学的知识，既可以在主题内容层面整合，又可以在社会意义层面整合。跨文化教育以整合的形式提供对传统、习俗和文化的认识，建立与其他文化的有效沟通。它要求学校、培训机构等教学教育单位不仅要承担教育功能，还要承担语言、文化和精神的整合功能。

在遵循自然适应性的原则下，跨文化教育需要考虑到受教育者的个体差异，帮助受教育者认识人的物质文化特点和精神文化特点的形成过程，认识不同民族文化的特点，形成平等看待不同文化的态度。跨文化教育承认世界的、民族的文化是促进教育发展的因素，承认教育存在于文化对话中的必要性。在跨文化教育进程中，对话、合作、活动性和创造性是教育技术的特点，需要在与不同文化交往时，辨识不同文化、有条件地吸收世界文化，对不同文化宽容和理解，与来自不同文化的人和谐相处。这些都是教育和文化领域的整合，有助于理解不同文化历史经验的相互影响和相互渗透。

跨文化教育充分证明，在全球社会文化条件下教育与文化密切联系的本质和特点，强调知识提升受教育者跨文化的技能，跨文化教育尊重差异，促进文化在教育教学过程中相互丰富。从年轻的受教育者开始形成平等、宽容的跨文化氛围，保持民族、宗教和个性之间的相互容忍与和谐共处，并逐步成为具有保证作用的规范。

新教育的使命是反映世界的完整图景，反映每个人对其他人、对社会和自然的道德责任的共同出发点。符合时代要求的教育是社会快速进步极为重要的、决定性的因素。跨文化教育的使命是让青年为适应全球化时代的生活做好准备，培养青年掌握与不同年龄的人、不同的社会文化团体、具有不同的传统精神的人交往、合作的技巧。

跨文化教育是缓解社会紧张的手段，教授人们用一种全新的态度面对不同的文化共同体，并与其共存。跨文化教育可以帮助青年学生在跨文化的沟通中掌握循序的思维方式和技巧；使学生通过自我认识，逐步认识到个体存在的意义以及人类的其他重要问题；培养在融入其他文化时所必需的个性品质，养成在不同文化社会中平等、宽容的品德。

跨文化教育是一个非常宽泛和包容性强的概念。仅仅关注文化差异的跨文化教育很难带来积极的跨文化交往，仅仅通过文化途径也会因为某些强势文化的扩张而受到限制。鉴于跨文化教育的复杂性，我们需要在尝试制定与跨文化能力有关的教育计划时验证各种变量，并进一步开展研究和分析。

第二节　跨文化教育相关概念辨析

一、跨文化教育与多元文化教育

（一）多元文化教育

美国在 1990 年成立美国国家多元文化教育协会（National Association for Multicultural Education），该协会将多元文化教育（multicultural education）定义为建立在自由、正义、平等、公平和各种文件（如美国《独立宣言》、南非宪法、美国宪法和联合国《世界人权宣言》）所界定的人格尊严准则之上的一个哲学概念，它申明我们需要在一个相互依存的世界帮学生做好承担责任的准备，承认学校在培养学生应对民主社会的态度和价值观中所起的重要作用，重视文化差异并认可在学生、社区和老师中存在着多元化，通过促进社会公义的民主原则挑战学校和社会中一切形式的歧视。

多元文化教育一般发生在多民族国家中，主要是给来自不同社会阶层、民族、种族、文化和性别的学生提供平等、公平的学习机会，尤其是争取少数民族学生在学校里的平等地位，帮助他们顺应或融入主流文化，提供更多的机会认识，展现自我价值，开拓视野，平等参与社会活动，提高社会地位，保持和发展各少数民族文化的传承和创新。多元文化教育的核心是在某一国家范围内，保障平等的受教育机会，鼓励和保留各民族文化的遗产，主张在认同文化差异的基础上相互尊重、相互学习、平等共处、共同合作。多元文化教育的使命是保证对各族人民平等和自决权原则的理解，保证对文化多样性的理解，保证民族自我意识的发展。多元文化教育促使学生了解各族人民和各个国家从对抗到合作所走过的道路，激发学生对世界共同体的参与感，培养对世界各族人民的尊重以及在各种文化之间进行交往的技巧。

有学者认为，多元文化的教育既是一门新兴学科，又是一个学习领域，主要目的是给来自不同种族、民族、社会阶层和文化团体的学生提供平等的教育机会。其中一个重要目标是帮助所有学生获得知识、态度和技能，使之在多元化的民主社会中能够有效发挥作用，并与来自不同群体的人民互动、协商，最终为了共同利益而创造一个公民和道德共同体。

多元文化教育面对的是一个国家和社会种族、民族、文化和语言的多样性。在这样的社会中，总是有一个主流文化存在，多元文化教育是帮助这些主流学生看到和全面欣赏他们自身文化的特质，帮助个体通过其他文化视角审视自我，从而获得更好的自我理解。多元文化教育更是为了消除一些种族和民族族群成员因其独特的种族、身体、语言和文化特征在学校和更广泛的社会中所经历的痛苦和歧视，以便使来自不同民族、种族族群的学生获得平等的教育机会，保护、促进和鼓励国内民族、种族、文化和语言的多样性。另外，多元文化教育以多元文化主义为主要理论基础，主张对少数族群实行包括性别、种族、阶级、宗教、地区等因素的平等教育，协调主流文化与非主流文化之间的关系，鼓励学生尊重差异，容忍不同，关注少数族裔学生的学习困难，培养学生多元学习的能力，理解其他族群价值观，学习异质文化，放弃偏见。

（二）跨文化教育与多元文化教育的区别

多元文化概念出现于 20 世纪 20 年代欧美国家的多民族教育中，早于跨文化。多元文化的英文表达为 multi-culture，multi- 这个前缀就是"多"的意思，这个英文单词清楚地提出，多元文化指的是人类文化的多样性，不仅涉及语言、风俗、宗教、伦理、民族文化甚至社会经济等的多样性，还承认和尊重各种文化的平等呈现。多元文化观认为，一个国家的文化由不同信念、不同肤色、不同语言、不同习俗、不同行为方式的多民族文化组成，所有文化群体都应得到理解和尊重，彼此间是一种共存共生、相互支持的关系。多元文化是一个强调特定社会中存在多种文化体系的理论，主张不同族群的传统文化和语言都能得到保护和发展。多元文化教育（multicultural education）以多元文化主义为主要理论基础，给少数民族群体或个人提供平等的教育机会，主张种族、宗教、性别等方面的去中心化。

跨文化教育是 20 世纪后期世界教育民主化发展过程中的一种趋势，产生于多元文化教育的发展过程中，聚焦国际社会频繁的文化交流背景下跨文化能力的培养与教育，不仅是 21 世纪国际教育的热点问题之一，而且是国际教育发展中的一种新理念。伴随全球化进程和教育民主化的发展，对跨文化教育问题关注的国家日益增多，跨文化教育逐渐形成为国际教育发展的一种思潮。

1992 年第 43 届国际教育大会报告尚未对跨文化教育与多元文化教育作出明确区分，认为两个概念都是指不同文化之间的关系。2006 年，联合国教科文组织颁布《跨文化教育指南》，明确界定这两个概念，指出它们既相关又有区别，体现两种不同的教育导向。多元文化教育是在关注文化、社会以及经济形式多样性的基础上引导人们了解其他文化并尽量接纳这些异质文化；跨文化教育则不是被动地与其他文化共处，而是要求在多元文化社会中主动建立不同文化群体间的理解、信任、尊重、平等和对话机制，形成可持续发展的共同生活方式。

在多元文化教育中有一个隐含的观念，多元文化中有主流文化、非主流文化之分，而主流文化和非主流文化在社会上的地位并不平等，主流文化占主导、支配地位。多元文化教育以主流文化教育为主，强调理解、关注和尊重其他文化，主要是为了避免社会矛盾，使非主流文化能适应并尽快融入主流文化，保证主流社会的稳定发展，但同时也暴露了多元文化教育理论根基的薄弱性、不完整性。在多元文化教育实践中，非主流文化作为一种消极的被动性共存，受到来自不同方面的质疑，多元文化的理想主义色彩和现实有着无法调和的矛盾。20 世纪 90 年代中期，多元文化教育理论和实践发展进入低潮阶段，陷入举步维艰的困境。跨文化教育超越静态的多元文化教育更关注文化间的平等交流，是一种不同文化在社会中相互作用的动态过程。因此从这个角度强调主动性互动的跨文化教育与指导被动性共存的多元文化教育存在很大差异，跨文化教育更关注不同文化的同等地位，帮助来自不同文化的学生正视差异，以文化间的开放为前提，相互理解、尊重、宽容，重视人权，致力于不同文化之间的相互吸取、相互借鉴，主张各种异质文化的融合共处。

跨文化教育不同于多元化教育。多元文化教育是在政治文化背景下进行的，力求在相对统一的社会环境中使不同文化群体共存，描述的是一种现象或状态，关注的是主流文化下非主流文化的适应与同化。跨文化则认为文化对话（即各种文化之间的互动）是一种力量关系，不同文化间的相互作用呈现平等交融的动态过程。在跨文化中差异至为重要，使得各异质文化之间在交流时有可能相互吸取、相互借鉴，并在这一过程中进一步发现自己，进而以他者视域反观自己；差异还能使人们迸发灵感，进而革新求变。多元文化教育以文化多样性为前提，提倡主流文化对非主流文化的认同、尊重与平等共处。跨文化教育的核心价值正是在于接受并欣赏文化差异，尊重人的尊严和人的权利，各文化均有其特征，应相互尊重、相互学习，非主流文化也应受到重视。在全球化时代多元文化社会中，跨文化教育通过研究不同文化对学生的影响，实现不同文化群体之间的相互开放和永恒对话，并且维持差异、求同存异，帮助来自不同文化的学生相互交流、相互理解、相互尊重、相互学习，通过交往、对话、反思等途径扩大宽容空间，达到一种平等共处的生活方式，这是人类社会历史发展和教育过程中的一个重要阶段。

二、跨文化教育与国际理解教育

（一）国际理解教育（Education for International Understanding）

1946 年 11 月 19 日～ 12 月 10 日在巴黎召开的联合国教科文组织第一届大会上正式提出"国际理解教育"概念，它以培养国民对其他民族和其他国家文化的理解与尊重为目标，促进消解冲突，并致力于世界和平的国际教育活动。

联合国教科文组织认为国际理解教育的主要内容包括培养团结、公正和宽容的感情；发展非暴力解决冲突的能力，培养学生的和平观；尊重文化遗产，保护环境，采取有利于可持续发展的生产方式与消费方式。

在全球化时代，人口、资源、环境、发展甚至和平、恐怖主义问题越来越普遍，解决这些共同问题离不开教育。教育的一个特殊责任就是建设一个团结、民主、和谐的世界。国际理解教育旨在消解国际矛盾（战争、民族仇恨、种族歧视、发展的不平衡、环境、差异等），是以理解、和平、共生（living together）为价值理念的教育。国际理解教育最大的作用在于集合不同国家之力，通过共同努力与合作迎接全球化时代更加严峻的挑战，解决人类生存面临的全球问题。国际理解教育强调和平观念、责任意识、开放态度以及包括合作、批判、解决问题和矛盾、沟通交往等的各种能力。国际理解教育对促进国家之间的人文交流与合作、理解和尊重其他国家和民族、培养公民的国际素养、维护自己的人权等方面意义重大。

（二）联合国教科文组织关于国际理解教育的报告解读

国际理解教育理念的建立与发展源于联合国教科文组织的倡导、一次次国际会议和各个国家的重视与推动，尤其是一系列重要的国际教育大会以及相关组织文件起着重要的指导作用。通过这些国际教育大会和对相关报告的解读，全面了解国际理解教育的发展历程和方向，引导跨文化教育对需要注意的问题进行思索。

第二次世界大战结束后，国际社会认识到解决国家争端与世界和平的必要性。1946 年，在巴黎举行的联合国教科文组织第 1 届大会上正式提出国际理解教育的概念。

1948 年，在日内瓦召开的国际公共教育大会第 11 届会议中提出《青年的国际理解精神的培养和有关国际组织的教学》的提议，就如何实现国际理解教育提出基本的建设框架。国际理解教育包括教育目的、内容、方法及教师培训等方面：

（1）国际理解教育以树立建设一个多元、和平、安全的世界的思想为目标；

（2）教学应有助于学生认识和理解国际团结；

（3）培养学生世界共同体的责任感和合作精神；

（4）应通过各种手段，以国家间的相互尊重和对相互历史发展的欣赏为基础，促进国际理解；

（5）联合国及其专门机构的宗旨、原则、结构和功能应成为学生学习的内容之一；

（6）从事国际理解教育的教师应经过专门培训；

（7）国际理解教育的实施应是包括图书馆、博物馆及一些青少年组织与学校相互合作的教育；

（8）教育的国际合作与交流应该予以加强。

1953 年，联合国教科文组织启动合作学校项目（Associated Schools Project Network，ASPnet）将国际理解教育的理念付诸实践。

1953—1968 年，国际理解教育日臻成熟。联合国教科文组织历次会议都提出包括地理教学、语言学习、教师的国际交流、教科书、教师培训等在内的建议。国际理解教育发展从理论走向实践，发挥了重大作用。

1968 年，联合国教科文组织国际公共教育大会第 31 届会议提出《作为学校课程和生活之组成部分的国际理解教育》，总结了国际理解教育发展 15 年以来的思想，指出国际理解教育的目的是传授知识和尊重人权，并增加了学科渗透和教师培训的内容。

1974 年，第 18 届联合国教科文组织大会发布《关于教育促进国际理解、合作与和平及教育与人权和基本自由相联系的建议》，继续深化发展和平与合作教育精神，提出具体实施国际理解教育的指导原则，培养国民团结协作的观念。这个大会提出用"International Education"一词指称国际理解教育。

彼时，国际理解教育已发展成为一种成熟的教育思潮。在这种思潮的推动下，许多国家都在中小学，甚至大学设置国际理解教育，目的是消除偏见，摒弃种族、宗教歧视，增进不同民族之间的交往，为个体发展提供良好的国际环境。

1981 年，联合国教科文组织委员会编写《国际理解教育指引》，明确界定国际理解教育的目标为培养了解本国、公平处事、热爱和平的人；提高人权意识；养成合作精神；以全球观点认识相互依存的国际关系；以全人类视角思考全球共同存在的问题；养成同来自不同文化、民族、国家的人协作、沟通的品质。

1994 年，国际教育大会召开第 44 届会议发布宣言和行动纲领——《国际理解教育的总结与展望》。它以 1974 年建议为基础，强调国际理解教育虽然是非正式教育，但应受到高度重视，指出促进国际理解教育的重要措施应该是加强教育的国际合作，加强教育机构与其他社会部门之间的合作。自 20 世纪 90 年代以来，在实施教育的过程中，国际理解教育理念在加强国际合作和各部门的合作方面得到了新的发展。

从联合国教科文组织一系列的报告和提议可以看出，国际理解教育重点在于研究如何培养有国际竞争能力的合格的"世界公民"或"全球市民"的教育。20 世纪 80 年代后，各国之间的交流加深，相互依赖程度加强，教育领域出现包括跨文化教育在内的新的教育理念，国际理解教育的内涵不断丰富。跨文化教育与国际理解教育相辅相成，互相促进。

（三）国际理解教育对跨文化教育的影响

国际理解教育产生的背景是两次世界大战。经过战争的创伤，人们更关注如何拥有一个和平、稳定的国际环境，如何和平解决国际争端。各种文化、各个国家及民族之间的相互尊重与理解是世界和平的基础。国际理解教育主要是理解和尊重其他民族，加强教育的交流和合作，这就要求各国从"地球村"的角度，以国际视野思考重大问题，关心全球的可持续发展。国际理解教育文化层面的任务是"理解和尊重文化差异、文明遗产、不同生活方式和观点以及学习外语"，这表明国际理解教育的内容实质涉及跨文化层面的教育，对 20 世纪末出现的跨文化教育具有一定的启示作用。

首先，在某种意义上，国际理解教育本身涵盖一部分跨文化教育的内容。国际理解教育的目的之一就是帮助学生培养与来自不同国家、种族、文化的人交流、合作、沟通的品质，具有理解和宽容异质文化的精神。这正是跨文化教育所要求的实现目标之一。2010 年我国颁布的《国家中长期教育改革和发展规划纲要（2010—2020 年）》也体现出对联合国教科文组织倡导的国际理解教育的重视，并提出对培养具有国际竞争力的高素质人才的客观要求。其中第五十条就明确指出："加强国际理解教育……增进学生对不同国家、不同文化的认识和理解"。这与跨文化教育的基本理念不谋而合。

国际理解教育探讨的核心内容中涵盖对学生的文化层面的教育，间接提升学生的文化共存意识，使学生学会宽容、尊重和开放的态度，这种态度对跨文化教育的顺利进行至关重要。因此，作为已经发展半个多世纪的教育理念，国际理解教育可以为跨文化教育理念提供很多经验、启发和反思，并给予理论上的参考与支撑。

跨文化教育强调文化层面的教育活动，在文化冲突、碰撞、融合等多种情境下对学生的跨文化能力进行教育。国际理解教育对跨文化交际能力也有所训练，这对跨文化教育如何处理多元价值观具有一定的启发作用。

其次，国际理解教育实践经验对跨文化教育具有借鉴作用。国际理解教育的实践活动主要以学校的国际交流与合作和开设特色课程等形式进行。以韩国为例，1997 年联合国儿童基金会韩国委员会成立一个旨在向世界进军的青少年组织——地球村俱乐部。以此为基地将别国文化、生活方式和价值观念传授给青少年，使受教育者不出国门就有机会以身临其境的方式领略到世界各国文化和独特的异域风情，逐步形成促进人类的和谐和发展的观念，为世界和平和人类福祉而努力。

1998 年，在"和外国人在一起的文化教室"项目中，居住在韩国的外国人受邀走进教室与本国学生互动，讲解世界各国的历史、文化、传统、习俗等，直接帮助学生获得异文化的切身体验，领会他国文化。同时，这种真实体会其他国家文化的教育也能帮助外国人尽快了解并适应韩国社会，在可能的情况下有机会为韩国社会作出自己的贡献。

国际理解教育所采取的一些实践形式和活动有助于丰富跨文化教育的课程设置体系内容，开拓思路，进行教学创新。结合取得的经验及教训，学校在开设跨文化教育的课程时，更加注重课程内容的选择、教师素养的培养、有效和切实可行的活动，以增强跨文化教育的可操作性和实效性。

国际理解教育存在的问题对跨文化教育的发展起到警示作用。开展半个多世纪的国际理解教育在理念和实践发展过程中不可避免地出现一些问题，虽然产生了困扰，但这些问题的出现让跨文化教育在发展初期有意识地思考解决方案、完善跨文化教育的理论体系。当今社会比较突出的国际问题围绕价值冲突、恐怖主义、民族主义等方面，这些问题大多是因文明冲突而起，文明冲突已成为全球化时代的主要冲突。虽然国际理解教育在进行着不懈的努力，但面对复杂的国际社会环境仍然感到形势严峻、困难重重。跨文化教育以此为鉴，在文化层面继续加强相互理解与尊重的教育，进一步研究问题，拓宽思路，提出解决办法。

跨文化教育关注文化冲突化解模式，而参与、设计化解模式的是人。人的思想、行为和实践活动必然受到所处环境的影响，对问题的认知和解决方式取决于自身的文化素养、品质和态度，对人的塑造恰恰来自教育。在跨文化冲突化解中，互相理解双方的文化价值，互相尊重各自表达这种价值的行动方式，才能成功地化解冲突。跨文化教育要求学生具备高度认识和重视各方文化背景的能力，了解自己，认识他人。

民族、种族之间和宗教派别之间的矛盾与冲突，国际社会的紧张局势，都与国际理解教育有着千丝万缕的关系，对遏制在青年中出现恐怖主义、极端主义、民族主义甚至暴力行为产生积极、正面、重要的影响。世界文化是人类的共同精神财富，国际理解教育中关于开展相互理解、尊重人权和自由、友好相处的建议包含在跨文化教育相关的内容中。因此，从这个角度可以深刻挖掘国际理解教育的文化功能及其对跨文化教育的启示。

三、跨文化教育与比较教育

比较教育文化研究的基本范畴是国内针对民族间文化实施的教育以及了解国家之间历史、文化层面的教育，其基本理念是国家不分大小、强弱，在文化上一律平等，最终目标是倡导多元文化的共生并存，促进文化间平等对话，推动社会协同发展。

文化与文化之间的比较研究是促进彼此间相互了解的工具，有利于全球文化、教育的交流和多样性发展。法国哲学家德罗特（Roger-Pol Droit）在叙述联合国教科文组织知识史时写道，"生命以差异为先决条件。'一刀切'意味着死亡。与'一刀切'抗争的首要任务是保护差异并且铸造世界文化间的联系。"这恰恰描述了比较教育的跨文化性，表明比较教育与跨文化教育之间具有相互参考性。形成多元性的主要因素——差异，以及全球化世界对和谐的追求，是世界比较教育论坛的特别关注点，也是进行跨文化教育的前提。

全球化的时代背景使得比较教育研究范式发生深刻的变化，中国学者以"和而不同"为总原则建构比较教育方法论，彰显中国哲学的智慧，也进行了比较教育方法论研究的新探索。"将跨文化对话作为比较教育的基本途径"既可以"以史为鉴"，又可以吸取其他国家教育和文化的精华，根据时代变迁的特点和文化转型的需要，革旧维新、吐故纳新，积累了不少经验和启示。跨文化教育中涉及民族与国别，在对其他文化开放、对话的过程中相互参照，逐渐加深对自我文化和他者文化的认知，确定核心的优势文化，消解跨文化障碍，选择母体文化再生产的养分，实现文化的自我超越，最终促进文化的共同繁荣与复兴。

跨文化教育在很多方面与比较教育有着明显的联系。两者都依据多元文化社会的现实，对理论、问题及发展趋势进行深入研究；两者均关注世界不同国家和地区在跨文化教育框架下组织发展与实践活动的研究；两者均是跨国界、跨文化的教育研究。比较教育更注重"比较"，是一门广泛研究别国教育的学科，而跨文化教育试图超越实际应用，力求发展教育在跨文化环境下的理论知识。比较教育强调研究者的立场，是以跨文化理解为核心认识不同文化背景下教育现象的一种研究方式，跨文化教育倡导文化平等共存、民族间相互了解，更注重提高学生的各种跨文化技能，培养在多元文化社会中共同生活的能力和方式。

第三节　跨文化教育的核心要素

一、文化差异

跨文化教育的兴起是对文化差异认识的转变，借鉴其他学科对文化的阐释分析文化差异，是把握跨文化教育内涵的有效途径。基于分析层次的不同，人类学、社会学和心理学从不同的角度阐释文化，以下从这三个学科的角度展开对文化差异的分析，在此基础上探讨对跨文化教育的意义。

（一）文化差异的人类学考察及其对跨文化教育的意义

1. 文化人类学的基本立场

跨文化教育首先面临的问题是，如何对待具有不同文化背景的人，进而理解文化差异及其对群体成员的观念和行为的影响，人类学学科演变过程明确地反映了西方社会对待异文化的态度，人类学对文化的理论阐释构成了跨文化教育的重要理论基础。

文化人类学研究人类各民族创造的文化，以揭示人类文化的本质。文化人类学始于大发现时代（Age of Discovery），正值西方资本主义的扩张时期，殖民者面临管理殖民地的现实需要，因此亟需对殖民地社会进行深入了解，文化人类学由此产生。

在开拓殖民地之初，西方殖民者接触欧洲以外的其他民族时，首先感受到的是身体特征的差异，由此产生了"种族"的概念，当殖民者与当地人深入接触后，价值观念、生活方式、神话传说、亲属关系、社会组织等一系列差异逐步浮现，这些差异被视为文化差异。文化人类学需要解决的基本问题是在探讨文化差异的基础上阐释人性，旨在通过探讨和解释人类文化的不同，寻求人之为人的本质。人类学中的文化首先成为表达人与自然物相区分的概念，即所谓的"人化自然"，这是人类学文化概念的第一个视角。

文化是人们适应自然、改造自然的产物，包括所有与人的活动相关的累积，比如特定的观念、行为、社会组织形式以及物质生产的方式及其成果。人类社会所居自然环境不同，文化存在差异，因此，文化拥有一个区别人类群体的内涵，不同群体之间的差异皆因文化不同而产生。这种文化差异所反映的是某一社会群体的成员对其群体的认同，并由此形成本民族或本族群的意识，比如德语的文化"Kultur"即反映了这一特征："Kultur"这一概念特别强调民族差异和特定的群体认同……反映一个民族的自我意识，不断地以政治和观念的方式寻求和建立自身的边界，这是人类学文化概念的第二个视角。

伴随资本主义的扩张，殖民地社会与工业文明有着截然不同的特征，殖民地群体在对自身文化逐步确认的基础上，推进殖民地民族意识的觉醒，这是人类学文化概念的第三个视角。这一视角更多地反映了对西方中心主义文化霸权的反抗，即作为他者的文化觉醒。第二次世界大战之后人类学的进展明显反映了这一特征，同时让人类学自身的发展面临着新的困境。

上述三种不同的文化视角都明确体现了文化的特定社会群体特征。西方人类学在描述和阐释异文化的过程中，不可避免地将其他群体视作他者。虽然西方人类学对待异文化的观念在逐步转变，但这种包含在研究视角中的强烈的他者化没有消失。罗杰·马丁基辛（Roger Martin Keesing）指出，在对文化差异进行阐述时，"（20世纪60年代之后的）象征/解释人类学比以往更需要他者"。自20世纪以来，人类学一直寻求对异文化进行更加全面阐释的理论，即作为外在的观察者，准确把握他者文化的理论。

2. 文化差异的人类学考察

人类学的研究传统是将文化视作对他者群体的表征，文化又成为原殖民地国家民族意识的表达。人类学有关文化差异的上述问题主要有两种立场。

一种立场认为文化的发展有先进与落后之分，文化差异的产生源自不同的发展阶段，即文化进化论；另一种立场认为文化有各自的发展路径，文化差异是因各人类群体对所处自然环境与生态环境适应不同而产生，即文化相对主义。这两种立场因历史背景的差异而占据不同的地位。

文化进化论的基本假设是，全人类在心智能力和思维模式方面具有一致性，因此每个民族和种族的文化进化路径具备一致性，即从野蛮到文明，处于"野蛮时代"

的他者文化是西方文化的过去。比如被称为人类学之父的路易斯·亨利·摩尔根（Lewis Henry Morgan）认为："由于人类起源只有一个，所以经历基本相同，他们在各个大陆上的发展情况虽有所不同，但途径是一样的，凡是达到同等进步状态的部落和民族，其发展均极为相似。因此，美洲印第安人诸部落的历史和经验，多少可以代表我们的远祖处于相等状况下的历史和经验。"摩尔根将他者文化看作西方文化的雏形，并详细划分文化的发展阶段，分别是"蒙昧时代""野蛮时代"和"文明时代"，并为每个发展阶段总结对应的特征，如工具的使用、社会组织形式等。摩尔根认为文化的进化过程是从蒙昧到野蛮、再到文明的线性演化。文化进化论显示人类学对待异文化的西方中心主义特征，视西方文化是最高阶段，而其他地区或民族文化为西方在蛮荒时代所曾经拥有过的文化。文化进化论最主要的问题是将不同的文化区分为高低优劣，使他者的文化沦为低级劣等的文化，在群体之间产生跨文化交互时，低级的文化便理所应当地成为高级文化教育和帮扶的对象。这一观念的影响甚为久远，西方国家普通民众中存在这种西方中心主义观念，一些人类学家也持有同样的思想，如马林诺夫斯基认为，文化发展是"一个较高级和积极的文化对于一种较简单、较消极的文化的撞击结果"。

两次世界大战极大地打击了西方人的自信，欧洲各国之间肆意屠戮，国家内部社会问题重重，欧洲文化已经不能代表人类文化的最高阶段。同时原殖民地社会民族觉醒，迫使西方学者必须在对待非西方文化的态度上作出相应的调整。在这个时代背景下，人类学随之发生变化，"转向从社会和文化内部分析构造理论，把非西方社会当成冲突较少的文化，承认他们的客观合理性，否定文化的高低比较方法"。这就是文化相对主义。

文化相对主义由美国人类学奠基人弗朗兹·博厄斯（Franz Boas）首次提出，他强烈反对进化论，主张"文化的特性首先必须放在特殊的文化语境中进行解释，而不是一味诉诸普遍的进化论模式"。从博厄斯开始，人类学研究的重点转向不同社会之间的差异性。西方人类学界对待异文化的立场转变，体现在两次世界大战之间以及之后20年间各种人类学学派的讨论中，包括美国的历史具体主义、新理学派，英国的功能主义和结构—功能主义，以及法国的结构主义等。这些不同理论流派在对待异文化的态度上，都不再认为非西方文化处于野蛮或蒙昧时期，而是从欣赏异文化的角度研究作为他者群体特征的文化。比如列维—施特劳斯（Claude Ldvi-Strauss）通过对比全球各地区石器时代的发展，指出人类的创造性发明在世界各地都在进行，所不同的只是历史累积多少的问题，比如工业文明的累积更多，而农业文明的累积较少，因此有些区域发展得更快。这一立场的转变表明尊重和理解文化差异成为人类学的共识。

文化相对主义认为，不同的文化都有其发展的具体环境，因而理解文化必须以其生发的历史和环境为基点，但是这种文化观念不能解释人类文化发展方向的趋同性。

第二次世界大战以后西方进入经济复苏期，西方人类学家重新找回文化自信，出现新进化论。

新进化论的关注点有两方面：其一在反对古典进化论的基础上，新进化论将文化作为人类与自然环境相互关系的结果；其二从社会系统的角度，新进化论讨论文化对于人类适应环境中的功能，进而说明人类文化发展的必然性。

新进化论先驱莱斯利·怀特（Leslie White）认为，文化可以分为技术的、社会的和意识形态三个范畴。技术范畴对于文化的进化而言是基础性的，正是因为技术的进步使社会的文化和意识形态的文化得以发展，文化的进化源于技术的创新，技术创新使得人们更有能力获取能量。新进化论的分支文化生态学代表朱利安·斯图尔德（Julian Steward）提出多线进化论，他批评普遍主义的文化进化论，否认所有的文化都会沿着同样的路径演变。斯图尔德认为具体的文化有其具体的演变形式，主要来自对该文化所生发的具体环境和条件的适应。不同文化之间的进化阶段有所类似或雷同，是因为这些文化有着类似的生发条件，其发展阶段才会显得相近。文化生态学认为对环境的适应是文化阐释的核心，"适应"说明了社会形态的形成、发展、维持和变迁。其他人类学家马文·哈里斯（Marvin Harris）和罗伊·拉帕波特（Roy Rappaport）也有关于文化生态理论的论述，他们解释了在系统维持和适应环境的过程中特定文化的特质所具有的功能。在他们的研究中，文化被看作功能性的，以维持该文化群体与环境所建立的关系。

跨文化教育的研究是在第二次世界大战后全球化浪潮的推动下兴起的，全球化对文化人类学产生了重大影响。如果说在交通和信息技术尚不发达的时代，在特定的空间范围内某一群体的文化是同质的，但伴随全球化时代的到来，人们之间交往得日趋频繁，大部分地理空间内的文化都存在异质化，将某一群体或社会当作相对封闭的方法不再可行。格尔茨（Geertz）认为"文化就是这样一些由人自己编织的意义之网"，人类学的工作就是解释这些意义。文化是社会行动者认识和建构世界的结果，是社会成员以象征为基础相互交流的结果，文化的逻辑来自行动的逻辑或组织，来自人们在特定的制度中行动并解释他们的情境，并以此在该类的情境中保持一致的行动。

全球化带来的各类群体文化之间的交互越来越频繁，文化的异质性受到广泛关注。随着人类学知识的扩散、与研究对象（他者文化）之间的频繁互动，人类学研究对象的主体意识逐渐觉醒，并开始质疑人类学家对其文化的表征和阐释。人类学开始将对自身文化的反思纳入视野，反思自身文化在对异文化进行表征的过程中所包含的权力关系，正是从这一视角出发，爱德华·萨义德（Edward Said）的《东方学》质疑西方学者将其他文化视为他者的合法性，因而产生了广泛的影响。虽然人类学努力的目标是通过对异文化的研究反思自身文化，并由此追寻普遍的人性，但是这一目标始终不受重视。在全球化的影响下，由于人类学文化解释的合法性受到质疑，西方学者开始质疑和批判自身的文化立场。受到马克思主义的影响，西方大众文化的研究热点转向对其他文化表征的过程中所暗含的权力关系研究，因此人类学成为一种"文化批评"的方法。从对本社会之外的文化阐释转向对本社会之内的文化反思，而对本社会之内的文化反思与对异文化的研究具备同等地位，随之而来的是本社会各种边缘群体文化意识的觉醒，进一步促进了人类学的文化批评，人类学对文化差异的讨论也转向"阐释和分析人与社会的文化经验的多种可能性，拒绝任何文化模式的同质化描述"。

3. 人类学的文化差异观对跨文化教育的意蕴

基于文化差异的人类学考察，跨文化教育需要从以下三个维度进行教育培养：

（1）培养尊重文化差异的态度

人类学对文化差异的理解为跨文化教育的研究提供了理论凭据，文化人类学从文化进化论到文化相对主义的演变，同样为尊重和理解文化差异提供了理论凭据，其涉及文化相对性与发展性问题。从文化进化论视角来看，人类社会的文化差异是因为发展阶段的不同，西方文化处于最高级的发展阶段，其他文化是落后的、愚昧的和有待改造的文化，这是西方文化多样性社会中所普遍存在的观念基础。文化相对主义对文化进化论的批判表明，人类社会的文化差异源于对不同自然地理环境的适应，在本质上人类文化对不同群体的生存有着相同的意义。为了培养学习者尊重文化差异，在跨文化教育过程中，必须以培养文化相对主义的态度为基础，让学习者认识到文化差异是不同的群体适应不同环境的结果，所有文化都有其独特的发展路径，所有文化都对人类文明的发展有着独特的贡献，所有的文化都是平等的。在与不同文化背景的他人开展跨文化接触时，首先应持以平等、尊重和宽容的态度，不轻易从自己的文化立场对其他文化作出落后还是先进的判断，或者草率地认为他人的文化和行为需要改造；同时避免对自身文化的盲目乐观或妄自尊大，或者自卑自贱，认为亟待改造。

（2）培养文化批判意识

跨文化教育需要应对的另一个问题是跨文化关系中所包含的权力关系。人类文化处于不断发展和变迁中，文化发展使社会不断进步。文化发展观暗含着权力关系，并且在文化表征的过程中以其发展优势或自以为是的"先进性"支配其他文化，将其他文化他者化。在全球化时代，人类学开始关注自身对异文化表征过程中所暗含的权力关系，在跨文化教育过程中，需要让学习者认识到这种跨文化交互过程中的权力关系。

跨文化教育培养学习者能够在平等对待其他文化的基础上从他人的视角反思自身的文化，在尊重文化差异、了解文化差异的基础上形成文化批判意识。跨文化交往是当今时代的普遍现象，在文化多样性环境中，跨文化教育学习者的日常生活处于各种文化的交互与冲突中，因此需要从自身的生活实践出发，发掘自身所处的环境对不同文化的表征化及背后的权力关系，进而反思自身的文化立场，通过文化反思的过程树立文化批判意识。

（3）培养文化知识

人类学对于文化的理解，首先作为一个区别性的概念。因为不同的文化特征，产生不同的群体，无论是文化进化论还是文化相对主义，在使用"文化"这一概念的时候都具备这一特征，该文化观一直是人类学族群研究的基础，并长期作为文化多样性教育的基础。大量关于多元文化教育或跨文化教育的文献表明，在文化多样性社会中，为使不同文化背景的人和平共处，需要通过学习和掌握其他群体文化的知识，才可以理解不同文化背景的人的观念和行为。因此，在跨文化教育的课程设计中，各种群体的文化是重要内容，是对某一特定群体的历史、风俗习惯、衣食住行等方面的呈现。

这种文化观念在跨文化教育的课程与教学中还有一些需要特别注意的问题。首先，文化多样性社会存在诸多的文化群体，不可能要求学习者掌握各种不同的文化，正如弥尔顿·贝内特（Milton Bennet）所指出的，即便是人类学家，也不可能掌握所有的文化，因此需要有一个理解文化差异的框架。人类学家爱德华·霍尔（Edward Hall）曾提出高语境／低语境的文化差异理论。

其次，在以区别性的特征使用文化时，通常的做法是将某一群体的文化特质当作学习的内容，以此形成对某一群体的认知。其隐含问题是将所学的文化他者化，容易在学习者和所学对象的族群成员之间产生隔阂，以及出现"我们"和"他们"的区分。这充分说明文化在作为跨文化教育的基础概念时，其区别性的特征暗含着他者化的危险。

最后，以区别性的特征看待文化时，个体对于文化的能动作用被湮灭。在文化人类学的假设中，通常将文化视为一种整体性的群体现象，生存于该群体的个体必然通过文化的再生产传递文化意义，即个体必然带有其所在社会的文化特征，在露丝·本尼迪克特的"文化模式"讨论中，个体相对于文化的能动性被看作人格特征的差异或不符合常态的行为。在跨文化教育中，将文化视为整体，让学习者了解某一群体的文化，即可理解其他文化背景的个体行为。

（二）文化差异的社会学分析及其对跨文化教育的启示

在社会学理论中，一般将文化看作社会系统的构成部分或社会运行的重要因素，其关注点是文化对社会运行的作用以及在社会秩序形成和演变过程中文化的功能。社会由个体构成，需要关注文化与个体的关系。社会学对文化的讨论以文化与行动者之间的关系为主轴，从文化与行动者关系的角度探讨文化差异的特征，以及对跨文化教育的意义。

1. 社会学的基本理论

社会学对文化与行动者关系的讨论分为两种取向：一种是结构取向，将文化视作社会结构的构成部分，外在于行动者并规范着行动者的观念和行为；另一种是行动取向，认为文化是行动者在社会行动过程中的意义建构和生成，是社会行动的动机和结果。

结构取向的文化理论重视文化对社会运行的作用和功能，强调文化是维持社会秩序的必要工具，基本特征是外在性和强制性，所有个体行动者的观念和行为受到其文化的强制性约束，文化是同质的、为所有成员共享。

结构取向文化理论的鼻祖爱米尔·涂尔干（Emile Durkheim）认为，作为社会事实的"集体意识"阐明了文化对个体具有形塑作用，同时文化对社会团结的维护具有重要的功能，统一社会的成员中共同的信念和情感的总体构成了具有一定生命力的体系，我们称之为集体意识或共同意识。由于社会事实的基本特征是外在性和强制性，一个社会事实，只是因为它有或能有从外部施及个人的约束力，才得到了人们的承认；而这种约束力的存在则是由于某种特定惩罚的存在，或者由于社会事实对个人打算侵犯它的一切企图进行抵制而得到人们的承认。因此，集体意识外在于个体并对其有强制规范作用。由于涂尔干认为社会是一种精神现象，通过社会团结凝结在一起，而社会团结是由"集体意识"所维系的，在《社会分工论》一书中，他指出简单社会和工业社会是由不同类型的社会团结所塑造。在简单社会中，人们执行相同的任务，集体意识具体，控制力强，结果是机械团结；而在工业社会中，由于存在劳动分工，集体意识比较抽象，分工越细越抽象，团结形式便成为有机团结。在机械团结的条件下，人们倾向于认为他们执行的是同样的工作，集体意识对异常行为的容忍程度比较低，规则是遵从；而在有机团结的条件下，人们执行的任务是多样化，工业社会的集体意识对异常行为的宽容程度较高。

帕森斯（Parsons）的结构功能论的文化理论将文化作为社会子系统，强调文化对于社会秩序维护的功能。帕森斯认为文化是一个秩序化的符号体系，是价值观念或行为标准模式的符号中介，产生行动导向和符合习俗的规则。他认为文化具有双重功能，文化既对个体行动者的行动具有规范作用，同时也是社会交互的工具。帕森斯的理论表明，稳定社会关系的建立是个体在社会化过程中接受外在社会秩序控制的结果，文化系统在其中起着关键作用。

行动者取向的文化理论则认为并不存在同质的文化，行动者的意义总是受到社会行动发生情境的影响，也受到行动者社会关系的影响，对于文化的理解必须经由对社会行动的阐释和理解来实现，同质的集体共享文化只是一种假设。行动取向文化理论源自马克斯·韦伯（Max Web）。在《经济与社会》一书中，韦伯明确指出，社会学是一门"解释性地理解社会行动并对其进程与结果进行因果说明的科学"。韦伯在其理论体系中将社会行动限定在一定的社会关系范围内，行动必须以他人的表现为基本出发点，行动的主体是个体，主观上可以理解的行动仅仅作为一个或多个个体的行为而存在。因研究需要，将一个集体（比如某个国家、族群、社团等）当作同质的研究对象对待，该集体就具有和个体一样的属性，这些集体必须"被看作仅仅是对具体个人的具体行为加以组织的结果与模式，因为他们只能被视为在代理一个主观上可以理解的行动的进程"。行动者取向文化理论解决了结构趋向文化理论没有重视个体能动性的缺陷。

文化不仅是外在于行动者的结构，而且是基于个体的行动建构的。文化通过认知和动机组织个体行动者的行动，反过来又在社会行动的不断交互生成过程中影响和重塑文化。

2. 文化差异的社会学分析

结构取向文化理论认为，文化差异产生的原因是，同一社会中的不同群体维持着社会秩序及其群体团结的文化系统，这一文化系统对群体内部成员的观念和行为进行规范，同一共同体内部个体的观念和行为基本一致，而不同共同体之间的文化截然有别。

帕森斯的结构功能理论强调社会秩序的维持，他在 AGIL 功能分析框架理论中假设各种不同的系统都具备相同的四种基本功能，适应（adaption）、目标达成（goal-attainment）、整合（integration）和模式维持（pattern maintenance）。在社会秩序的维持化过程中，文化系统自在地外在于行动者，对社会团结的维持具有重要作用。帕森斯强调文化系统与其他系统之间的区分，文化在各个子系统中位置较高，且对其他的子系统有指导作用。帕森斯认为，文化差异产生的原因在于，同一社会内部存在不同的文化系统，而维持文化多样性的社会秩序需要有更高一层的文化系统，这就是亚文化和主文化的关系；由于个体的行为受到文化系统的强制规范，在理解不同文化背景的他人行为时，需要了解其文化系统中的各种规范。

帕森斯的理论仅从结构取向看待文化差异，忽略了同一社会或群体内部个体行动者的观念和行为的差异，也忽略了文化之间的交互影响以及文化的变迁。其他社会学理论开始整合结构取向和行动取向，认为在同一社会或同一群体内部，个体的行动具有相对能动性，各类群体之间的交流越来越广泛，所有群体的文化异质性越来越明显，个体行动者受到外在文化的影响越来越多样化。布迪厄（Bourdieu）的实践理论、吉登斯（Giddens）的结构化理论、阿切尔（Archer）的文化社会学理论分别就文化差异及其对个体行动的影响进行了分析和阐释。

布迪厄批判结构取向忽略行动者能动作用的缺陷，同时指出行动取向忽略社会结构的客观性及其生产过程。布迪厄提出架通结构与行动的关键在于"实践"。通过"实践"将个体行动者的"惯习"及其社会关系生产和再生产的"场域"连接起来。"惯习"指通过个体行动者的经验所构成的一种持久的性向系统，寄寓着个体的经验历程，反映个体的社会地位、生存状况和文化背景，以球类运动为例，其性质如同球员的球技；

"场域"指一种权力关系的场合，是"在各种位置之间存在的客观关系的一个网络或一个完形"，其性质如同正在进行比赛的球场。个体行动者以其生活经验所构成的惯习，在各种场域中通过实践生产及再生产社会结构。此外，文化的结构性特征对个体的影响还在于文化资本的分配，由于文化外在于个体，从而成为一种可分配、获取以及积累的资源。布迪厄阐述文化有三种形式："具体的状态，精神和身体的持久性情的形式；客观的状态，以文化商品的形式……；体制的状态，以一种客观化的形式……赋予文化资本一种完全是原始性的财产"。文化资本的这三种形式已成为社会地位区分的杠杆和标志，从身体到客观再到体制，获取的难度越来越大，受到文化的结构性约束也越来越强。

吉登斯的结构化理论围绕结构对个体能动者的限制、行动者相对于结构的能动性以及行动者实践再结构化的关系三方面进行阐述。在结构化理论中，吉登斯强调个体行动者通过反思和适应获得塑造环境的能力。吉登斯认为所有的社会规范和价值观念都是社会互动的结果，外在的结构对行动者的行动施以影响。吉登斯在结构与行动者之间区分两个过程，其一为外在的文化系统通过社会交互来实现，即"系统性的某些要素在互动中借以实现自身"；其二为社会交互过程中个体行动者能动作用的再结构化，也就是"行动的一系列意外后果反馈回来，重新构成了促发下一步行动的环境"。由于外在于行动者的社会秩序是人们不断适应环境的产物，社会秩序维持和修复与日常生活中本体安全性的创造目的共同运作。吉登斯认为，结构不是完全依赖于行动导向的个体，而是社会交互的结果，特别是那些变为惯例（routine）的交互，具有自在自为的特征。吉登斯的"惯例"这一概念与布迪厄的社会实践非常类似，"惯例"创造和改变了实践，但是实践也能够创造和改变"惯例"，结构是具体社会生活的指导工具，给予行动者创造的实践和机会。

阿切尔针对文化社会学中结构与行动二者关系模糊不清的状况提出了自己的见解。她将文化区分为三个层次，文化系统层次、社会文化交互层次以及文化谋划层次。文化系统作为社会文化交互的产物，具有一定程度的稳定性，自身具有权力和性能，其关系类型是逻辑性的，为个体的行动提供文化背景；文化交互的关系类型是因果性的，个体行动者作为群体成员进行交互，此过程中存在象征符号的不断生产和演变；文化谋划层面则是指个体行动者之间进行意义协商，最终创生出新的文化特质并与原文化系统进行整合，这三个层次是不断循环的过程。在《结构、行动与内在对话》（*Structure，Agency and the Internal Conversation*）一书中，阿切尔通过自我、社会以及对两者关系反思性（reflexivity）的研究，提出内在对话是结构与行动的核心。她将反思性分为四种类型："沟通反思性"（communicative reflexivity）指在导向行动的过程前，内在的对话有赖于他人的成全与肯定；"自主反思性"（autonomous reflexivity）是维持着自我控制的内在对话，直接导向行动；"元反思性"（meta reflexivity）是透过对自己内在对话的批判反思，以及对各社会中有效行动的批判，达成自我监控；"阻断的反思性"（fractured reflexivity）是指无从完成内在对话或没有能力完成积极意义的内在对话，甚至内在对话加深困惑与迷茫。这四种类型的反思都可以与个体所处的文化环境相比照，将反思性类型与社会及文化情境特征连接，以解释社会流动或社会变迁历程。人们透过不同的内在对话方式，"或追求共同利益，或宣示团体意志，或被动地回应，而成就独特的自我、个性、社会与文化身份（认同），以及社会与文化结构的再制、转化或精炼"。

上述三个理论都表明，个体的行动既受外在文化系统的约束，同时又在自身的实践反思以及社会交往中不断地生成和再构。文化差异既有结构性决定的因素，即文化系统之间存在差异，又呈现为共同体内部的异质性，即文化差异体现在同一共同体内部成员观念和行为的差异上。文化差异是社会群体和个体之间相互交往过程中的互相体认，文化多样性社会的社会秩序是不同文化背景的行动者在不断交往过程中的再造，而社会团结则是由社会交往过程中形成的共同价值产生的。文化并非边界分明，不同的文化处于不断的交互影响中，对于文化多样性社会中的个体而言，其观念和行为具有极大的异质性，理解其他人的行为必须在互动过程中基于社会情境进行。

3. 社会学的文化差异观对跨文化教育的启示

社会学对跨文化教育的启示主要包括以下五个方面。

（1）通过跨文化教育促进社会团结。从结构取向文化理论的视角，在文化多样性社会中，不仅有文化的差异性平等问题，而且还包含社会秩序问题，这是由文化对社会结构的功能所决定。在文化多样性的社会中，应保持社会团结所需的基本的共同观念，进而维护社会的团结。跨文化教育认为，在多元文化不断冲突和交融的社会中，通过教育让学习者形成基于最基本的、普遍主义的共同价值观念。多元文化教育理念强调文化差异要基于学习者族群文化背景的差异进行课程设计。

（2）使学习者通过跨文化教育获取和积累文化资本。跨文化教育本身对于学习者而言是一个社会化的过程，个体对于文化系统的学习影响自身在社会系统中的位置，文化资本的积累就包含在此过程中。在文化多样性社会里，学校本身是跨文化交际和冲突的场域，学校自身具有再生产机构的作用，对学习者进行价值引导。

在文化多样性社会里，能否应对文化冲突，实现跨文化理解和交流，是个体获取经济资源和社会资源的基础，文化资本包含应对跨文化冲突、实现跨文化理解的能力，跨文化教育的过程就是获取这类文化资本的过程。从文化资本的视角进行跨文化教育的课程设计时，不仅需要反映族群文化差异，而且还要反映整体社会文化背景以及个体的社会交往，更重要的是培养学习者应对跨文化冲突的能力。

（3）理解异文化的文化系统。跨文化学习者可以通过学习某一特定文化掌握特定文化中的惯例和社会规则，进而获得理解他人观念和行为的参照，目的在于培养对文化差异的尊重、宽容的态度和知识的理解。

（4）培养文化技能。文化作为技能是个体行动者的能动性对跨文化教育所提出的要求。在全球化的时代，个体的生活经验、信息来源和社交关系都具备多元化的特征，此种共同体内部的差异变得更为明显，进而使不同的社会群体呈现异质化特征。

在文化多样性社会中，个体的社会化过程受到多种文化的影响，个体的观念和行为具有文化多样化的特征。在跨文化教育中，仅仅通过对某一文化特质的学习，无法完全理解跨文化交往中他人的观念或行为。由于个体对自己的经验和行为在实施反思或监控，是动态过程，跨文化教育需要让学习者具备解读情境的技能，能够通过结合具体的情境对其他人的观念和行为进行阐释、进而作出适当的应对。

（5）与日常生活紧密相关的教学与评价。社会学对文化的研究表明，文化具有结构性的特征。通过社会化和教育的过程，文化能够形塑并限制个体行动者的观念行为，而同时个体行动者通过社会交往及自身的日常实践，又在改变着文化系统，这就是吉登斯的行动再结构化。在跨文化交互过程中，个体行动者的行为并非完全由结构所规定，交互发生的情境和个体行动者能动性也至关重要，因此跨文化教育必须充分考虑情境因素。由于情境的多样性、复杂性和不确定性，跨文化教育是让学习者在跨文化交互的场域中形成或改变"惯习"、扩展行为图式、获得具备在特定情境中阐释对方行为意义能力的过程。

由于文化的二重性特征，文化技能是一项实践性很强的技能，要求跨文化教育与学习者的日常生活紧密结合起来，在课程内容的设计和教学方式的选择上，通过日常的交互获得相关的知识和能力，活动教学成为最常用的手段。比如在以成人为对象的跨文化培训中，大量使用精心设计的活动来组织教学。

在评价方面，文化多样性环境中跨文化教育的评价方式需要多样化，而且应以表现性评价为主，主要评价学习者在特定情境中的表现。比如在跨文化培训中，评价方法多用于测量量表、访谈、自我报告、角色扮演等。

（三）文化差异的心理学阐释及其对跨文化教育的意义

人类学对异文化的研究表明，在生物学意义上，各族群的人并不存在巨大差别，心理过程基本一致，在喜、怒、哀、乐，儿童养育以及其他心理方面具有共同特征，这便是心理学研究文化差异的基础，人类的行为差异不是基于生理差别，而是与文化背景密切相关。

1. 跨文化心理学中的文化

跨文化心理学（Cross-Cultural Psychology）是 20 世纪 60 年代兴起于西方心理学的一门分支学科，以两种以上的文化资料为基础，研究不同文化背景下人心理的共同性、差异性，以及社会文化特点对心理产生的影响。

在文化心理学和跨文化心理学的研究中，主要关注文化的价值观念这一要素，旨在通过建立相应的理论框架，对特定群体价值观念进行抽样调查与分析，进而比较不同文化群体的价值观念及其对行为的影响。跨文化教育的理论基础主要源于跨文化心理学。

跨文化心理学起源于第二次世界大战以后，当时的研究主要为跨国公司的管理人员或外交人员服务。在 20 世纪六七十年代跨文化心理学的研究中，将文化看作人类所创造外部环境的一部分，即外部文化，如美国社会心理学家哈里·特里安迪斯（Harry Triandis）等学者将文化当作认识社会环境的群体性特征。因为跨文化心理学将文化作为研究个体行为的影响因素，而价值观对个体的行为具有主导作用，价值观被当作居于核心地位的文化变量。对于价值观的定义和作用，美国社会心理学家沙洛姆·施瓦茨（Shalom H.Schwartz）曾这样描述："我将价值观界定为这样一个概念：是一种愿望，能够知道社会行动者选择行动的方式，评价人们，并解释他们的行动。如此，价值观可以是跨情境的标准或者目标，在生活中的重要性犹如指导原则。文化价值观念或隐或显地在一些抽象的观念中得到表征，比如在某一社会中什么是善、什么是正确的、什么是能够令人满足的，等等"。

2. 文化差异的心理学阐释

跨文化心理学研究的起点是探讨文化背景对人类行为的影响，以此视角展开文化差异研究，需要解答两个问题：第一，能否通过不同文化的比较提出认识文化差异的整体框架，以便人们认识世界不同文化的特征？第二，在文化多样性环境中，个体将面临哪些心理问题？如何解决这些心理问题？

围绕第一个问题的研究，出现了跨文化比较研究。其研究假设是，文化塑造了个体行为，通过对个体行为的研究归纳总结出不同文化的特征，然后在研究这些特征的基础上归纳出文化差异的变量，最后建构出认知文化差异的框架，为人们理解由文化差异带来的行为多样性提供支撑。

这方面的研究以吉尔特·霍夫斯泰德（Geert Hofstede）与沙洛姆·施瓦茨最负盛名，下面简要阐述两位学者的理论研究。

（1）霍夫斯泰德的文化维度理论

20 世纪六七十年代初，霍夫斯泰德对来自 70 个不同国家和地区的 11.6 万名 IBM 员工进行问卷调查。通过分析所得数据，提取每个国家被测成绩的平均数，然后使用一系列统计技术分析出不同国家的文化特征，进而提出了著名的"文化维度理论"。

在霍夫斯泰德文化维度理论中，解释行为差异的起点是"心智程序"（mental progress）。他认为"心智程序"和情境共同决定了人的行为，"心智程序"是个体在出生以后习得的，具有唯一性的特征，同时存在集体共享的部分，因此具有长期的稳定性，是社会系统运行的基础。霍夫斯泰德以涂尔干对集体意识的讨论为基础，由于集体意识具有共享特征，文化也是由某一群体所表现出来的共享观念和行为，因此集体共享的文化价值观是集体"心智程序"的基础。同时他也注意到了布迪厄的"惯习"（habitus）这一概念，指出"惯习"与"心理的集体程序化"（collective programming of mind）一致。但是霍夫斯泰德未提及布迪厄实践理论中社会行动者的能动性，他关注的重点仅在集体共享文化，这是其理论缺陷之一。

霍夫斯泰德将研究重点放在了文化价值观的对比分析上，使用层层剥茧的方式提出，文化包含象征、英雄、意识和价值观念等要素。其中前三者可以通过外在的行为观察到，而价值观则处于深层，不能直接观察，因此霍夫斯泰德就将跨文化比较研究锚定在价值观之上。

从实践效用出发，霍夫斯泰德将文化的区分建立在国家的基础上。他指出，文化的集体共享性主要体现在国家的主流群体中，因此通过研究主流群体的价值观，就能在跨文化比较的基础上对世界各国之间的文化差异进行分析。在讨论文化比较的可能性时，霍夫斯泰德引用了人类学家克拉克洪的讨论，"人类面临着一些基本的共同问题，所有的文化都必须对这些问题作出回应。这些基本问题包括良性问题、婴儿的无助、满足基本的生理需求，等等"。

霍夫斯泰德的理论来自对 IBM 公司跨国员工的文化调查，调查结果的分析由四个维度扩展为五个，以"霍夫斯泰德文化维度"而知名于跨文化理论界。霍夫斯泰德文化五维度的内容简述如下。

①个人主义—集体主义：在个人主义文化中，人与人之间的联系较松散，对自己的需求优先；在集体主义文化中，人与人之间联系紧密，以群体的目标和需求优先。

②高权力距离—低权力距离：文化群体中权力较小的人对权力不平等分配的接受程度。

③男性化—女性化：在男性化社会中，性别期待的差异较大，男性表现出攻击性、自信和物质上的成功，而女性表现出温柔、谦逊和关注生活品质；在女性化社会中，性别期待的差异较小，男性和女性都表现出谦逊、温柔和关注生活品质。

④不确定性回避：对不确定的未知情境感到威胁的程度。

⑤长期导向—短期导向：注重未来还是注重当下。

2010 年霍夫斯泰德与他人合作，提出了第六个维度，自我放纵与自我克制，其意义在于，面对基本欲望与生活享受时，是满足还是克制。

霍夫斯泰德前四个文化维度的划分在跨文化研究领域引起了极大的反响，彼得·史密斯（Peter Smith）、哈里·崔安迪斯（Harry Triandis）等人的研究采用"个人主义—集体主义"维度作为基础。在跨文化管理领域，霍夫斯泰德的文化维度理论依然是很多学者研究的理论基础。

其他学科领域也对文化维度理论进行了推广性研究，霍夫斯泰德本人强调其理论可以广泛应用于人类学、社会学、心理学、商学、政治学、法学化及医学等领域。比如心理学领域的研究经常使用"个人主义—集体主义"及"男性—女性"两个维度；社会学和商业领域经常使用"高权力距离—低权力距离"和"不确定性回避"两个维度。

但是需要指出的是，国家文化是一个不能成立的概念，因为霍夫斯泰德并没有考虑到一个国家内部文化和价值观的差异，尤其是在当今文化冲突和融通随时随地都在发生的时代。此外，霍夫斯泰德所确定的调查样本仅仅来自 IBM 公司的员工，用于概括一个国家显然是不够的。霍夫斯泰德的社会化概念存在很大问题，他将社会化看作人在十几岁之前内化的价值观念，罔顾人生经验中诸如职业发展等其他社会化过程。跨文化交际学者阿德里安·霍利迪（Adrian Holliday）将霍夫斯泰德及其追随者的研究称为"新本质主义"（Neo-essentialism），指出霍夫斯泰德忽视了文化内部个体行动之间的差异。针对以上的批评，霍夫斯泰德回应，自己的理论不能应用于个体文化差异的研究。但是由于理论的假设前提是同质化，无论应用于国家文化差异分析，还是其他范围的文化差异分析，对基于社会行动以及行动者之家的交流产生的文化内涵，霍夫斯泰德都缺少分析和阐释。

（2）施瓦茨的价值观调查

沙洛姆·施瓦茨在对世界不同价值观理论比较的基础上，构建了理论框架。他提出的价值观调查是用于国家和个体两个层面的调查。

施瓦茨认为，人类生存必须满足三种需求，即生理需求、社会交互与合作需求、群体生存需求，这三种需求是个体无法独自满足的，必须在群体的基础上，通过与他人交互、合作才能获得，基于这三种需求产生了不同的行为目标或行为动机。施瓦茨根据行为目标或行为动机的不同，区分出 10 种类型的基本价值观，并分析其动态关系。10 种价值观包括：自我导向、刺激、享乐主义、成就、权力、安全、服从、传统、仁慈、普遍性，表 3-1 是 10 种价值观及其所对应的行为目标。

施瓦茨价值观划分及其应对的行为目标　　　　　　　　表 3-1

价值观类型	行为目标
自我导向	独立思考和行动——选择、创造与探索
刺激	兴奋、新奇感强和喜欢挑战
享乐主义	满足自己的感官享受和快乐
成就	通过自己的能力达到社会所期望的成功标准
权力	提高社会地位和声望，对他人和资源的控制欲强
安全	追求社会、关系以及自我的安全、和谐和稳定
服从	约束自身行为和爱好，控制冲动和愤怒情绪，遵守社会期望或规则
传统	尊重、信守或接受所处文化环境的风俗习惯和观念

续表

价值观类型	行为目标
仁慈	在交际时保持或提高他人的幸福
普遍性	理解、欣赏、容忍和保护所有人乃至自然物的幸福

施瓦茨提出，价值观之间的动态关系是指不同的价值观目标可能一致，也可能产生冲突，比如成就和享乐主义是冲突的，而成就和自我导向之间具有一致性。同时，他发现在个体层面，不同的价值观在不断地重新排列组合，这些不同可以概括为两个层面：对变革的开放性—对变革的保守型，自我激励—自我超越。

施瓦茨对社会群体和个体的价值观念做了区分，发现群体结构和个人价值观念趋同，但是无法鉴别。施瓦茨的价值观调查结合了个体层面和国家层面的文化比较，解释了国家文化内部的个体价值观念差异。

施瓦茨的价值观调查分析"使得我们能够应对当代跨文化心理学中最为核心、也最令人烦恼的问题之一"，即同一群体内个体价值观念差异问题。比如，在同一高权力距离的国家文化中，不同的个体对权威有不同的价值倾向，而这些不同的个体又通过某种等级秩序相互连接。

全球化浪潮对人类学和社会学领域的文化理论产生了巨大的影响，文化从群体共享走向个体交互生成。全球化和文化之间的交互增强，使得以国家或族群为边界的文化观念受到了极大的挑战，不同的个体相对于文化的能动性表现出明显差异，对文化环境的适应也各不相同。

在文化异质化的时代背景下，跨文化心理学开始注重过程。这种注重过程性的文化观念首先表现为对个体在跨文化适应过程中所产生的心理变化的关注。在跨文化交际过程中，个体总是面临着各种文化之间的冲突，在进入陌生文化环境后，产生"文化震荡"（cultural shock），或者因不确定性产生压力和焦虑等消极心理反应。跨文化心理学在这方面开展了大量的研究。

文化多样性是普遍的社会现实，因而，跨文化交际可分为两个类别：发生在某一文化多样性的国家或族群内部成员之间的交际，称为社会内跨文化交际；为了一定的目的而出现的跨国交际，称为社会间跨文化交际。

在跨文化适应的研究中，有一系列的术语表达跨文化适应，表现在"跨文化"（intercultural，cross-cultural，cultural，socio-lcultural）和"适应"（adjustment，adaption，acculturation）两个术语的不同组合上，不同的学者所采用的术语组合在侧重点上略有不同。其中影响最为广泛的是贝里的跨文化适应理论。

贝里将族群文化间的个体跨文化适应与社会中族群之间的跨文化关系相结合，提出四种跨文化适应策略（图3-2）。这一分析揭示了个体的身份认同在跨文化交际过程中的核心意义。

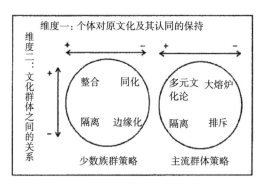

图 3-2 跨文化适应策略

3. 心理学的文化差异观对跨文化教育的意义

在跨文化心理学的研究中，存在这样一个假设，文化作为一个整体现象，决定了该群体成员的行为。跨文化心理学在确定各种变量的基础上对文化差异进行比较，并试图在一个普适的框架下归纳出不同文化的特征。跨文化心理学通过对文化适应性的研究，揭示了跨文化情境中的个体所面临的心理问题，为跨文化教育提供了重要的知识基础。

（1）掌握认识文化差异的框架

文化差异的认知对解决跨文化冲突具有重要作用。个体不可能掌握全部的具体文化知识，个体的行为也因具体的情境而有所不同，文化以价值观为核心变量。跨文化心理学基于国家层面以及不同文化的特征，此特征为认识文化差异提供了基本的框架，因而对跨文化教育具有两方面的意义：其一，教师将这一框架应用到教学和学校教育过程中，认识到学生和家长因文化差异而产生的行为差异；其二，学习者自身应了解和掌握这类认知框架，并主动运用于跨文化交际中。

在学校教育阶段，跨文化教育主要关注国内的文化多样性问题，因而跨文化心理学中关于文化差异的阐述依然可以作为认知框架。比如霍夫斯泰德的文化维度理论运用于教师与家长、教师与学生的交流过程中，因为不同的文化背景对学生的认知有所不同。

（2）培养心理调适能力

跨文化心理学的研究揭示了在跨文化交往或冲突的过程中，个体面临的不同的心理困境，如焦虑、身份认同丧失、自尊感降低等。这种心理困境既来自文化环境的差异，又来自跨文化交往的过程。

作为一个文化多样性的环境，学校教育本身就是促进学习者的人格特征发生改变的过程，跨文化教育需要让学习者调整心理状态，并在此交往过程中增强心理调适能力。学习者在与教师、同学等的交互过程中，能体验到截然不同的文化观念和文化行为。因此，心理调适能力首先是对文化多样性环境的适应。

在学校内进行跨文化交际的过程中，学习者因跨文化误解产生冲突，进而产生不同的心理后果，或形成"我族中心主义"的偏见，或因他人行为的不确定性而感到焦虑，或在交互过程中失去自我，降低自尊感，等等。需要通过跨文化教育，让学习者从"我族中心主义"向"族群相对主义"过渡，同时让学习者获得应对这些心理后果的调适能力。

二、身份认同

本尼迪克特·安德森在研究民族主义时指出，民族、族群等实为"想象的共同体"，个体在认知和情感上认为自己属于这一共同体，而连接此"想象共同体"与个体之间的纽带即是身份认同。

身份认同的基本含义是，在文化多样性的环境中，个体的自我意识及其情感在与他人的交互过程中经常面对自我的重新界定，并依此寻求心理上的归属感和安全感。

"身份认同"也是一个使用广泛且含义模糊的概念，多元文化主义和跨文化主义的争论尤其明显。多元文化主义强调对少数族群身份的认可，目的在于追求族群之间的平等，避免少数族群成员被"他者化"；跨文化主义则认为个体身份认同具有建构性和动态性，强调个体的身份认同界定和跨文化认同的建构。本章从精神分析学、社会心理学和社会学三个视角加以阐述。

（一）精神分析学之身份认同与跨文化教育回应

在精神分析领域，"身份认同"概念出现于精神分析之父弗洛伊德对儿童自我的发展论述。弗洛伊德指出，在超我（superego）的发展过程中，儿童的自我意识已经在对父母的内摄中产生，并在俄狄浦斯情结（Oedipus Complex）中进一步发展。弗洛伊德认为，身份认同是潜意识中维系于某一社会身份的感情，所谓认同就是"相同心理结构的熟悉感"。

精神分析学将人的心理结构区分为本我、自我和超我三个部分，其中自我是个体心理发展的基本机制，"身份认同"概念所强调的重点在于个体内在的自我发展及其附着的情感。但是，对"内在自我如何形成"这一问题的解释，构成了不同的流派，主要有埃里克·埃里克森的自我发展理论（ego development theory）。

1. 埃里克森的身份认同理论与文化差异

在个体心理发展领域，身份认同问题首先由美国精神分析师埃里克·埃里克森（Erik Homburger Erikson）进行深入的阐述。也许是家庭因素以及后半生在美国以移民身份生活的缘故，埃里克森对身份认同问题比较敏感，并将其作为发展心理学的核心概念。

埃里克森用身份认同描述个体心理发展与社会文化环境之间的关系，并与他的生命发展周期理论相结合，埃里克森认为，身份认同是"与青少年心理社会（psychosocial）平衡相关的自我社会功能（ego social function）"。

从精神分析理论的视角出发，埃里克森认为身份认同是从青年期到成人期过渡的心理发展任务。个体在儿童期形成了对父母的认同，在社会关系中形成了对其他人的认同，这两方面的认同需要个体在青年期进行统整，进而保持内在自我（想成为的自我）和外在自我（他人期望的自我）之间的同一性。这一时期对个体的心理发展至关重要，被称为关键期（critical period），青年的心理发展会呈现出"认同形成"或"认同混乱"两种状态。"认同形成"指成功地将儿童期形成的认同与社交活动中形成的认同统整起来，实现自我和谐（ego syntonic）；"认同混乱"指的是未能将儿童期的认同有效整合，也没能为成人生活做好准备，出现自我失谐（ego dystonic）。因此，在从青年向成人的过渡中，个体心理发展任务是能将自我意识与对社会认知结合起来，明确自己的位置，并获得自我的内在延续感。个体需要将儿童期的自我认知与未来的自我意识相连接，这种连接越是清晰，身份认同便越是同一。国内学者将"identity"译为"同一性"，强调个体自我的延续性以及未来心理状态和行为目标的指向性。在精神分析领域，身份认同大部分是在潜意识中，认同形成则意味着潜意识中存在幸福感，其中一部分上升到意识层面，外显为行为。

埃里克森认为身份认同是自我（ego）的功能之一，因为在自我的形成过程中，不断地伴随着本我与超我之间的冲突，而自我在身份认同形成的过程中"将性驱力和心理社会整合起来，同时将新添加的身份认同成分与已有的成分整合起来"。青少年时期身份认同的形成，伴随着一系列心理过程，这一过渡期通常伴随着异常艰难的精神状态，埃里克森用新教领袖马丁·路德的昏厥和文学家萧伯纳的自我放逐这两个比较极端的案例说明此情形。若个体未能在过渡期形成自我认同，则陷入失常的状态，此种状态伴随着"一定程度的发展停滞和越来越多的防御能量（defensive energy）消耗，同时还有心理社会的深深孤立"。此外，还会表现出缺乏成功的体验、自我连续性的阻断、深深的孤独感、强烈的挫败感以及对外面的世界缺乏信任等。

在近期的"新埃里克森主义"研究中，身份认同是一项心理诊断的指标。以埃里克森的学生詹姆斯·马塞亚（James Marcia）等为代表的新埃里克森主义者，着重研究身份认同的不同阶段，提出了身份认同状态（identity statuses）理论。新埃里克森主义者依然将身份认同看作青年期心理发展的关键任务，将身份认同区分为四种状态，"认同延迟"（identity moritoriums）、"认同扩散"（identity diffusion）、"认同丧失"（identity foreclosures）及"认同达成"（identity achievement）。认同延迟是指在青年期没有实现清晰的自我界定，心理状态处于冲突之中；认同扩散是指对自己和社会文化环境没有形成确定性的认识；认同丧失是对不同文化环境中的自我缺乏界定，有时非常明确，有时非常模糊，处于跨文化情境或社会流动中的个体，往往会面临这种状态；认同达成是指个体能够将自我界定与对社会文化环境的认识完全结合起来。不过身份认同状态理论的缺陷在于，将认同状态看作一种相对静止的状态，但实际上"绝大多数青少年都处于不同认同状态的流动之中"。

埃里克森指出，没有人能逃脱文化的藩篱，个体的身份认同必然与其成长的文化环境紧密相联。文化差异对个体身份认同的影响可以从以下两个方面认识：首先，在不同的族群内，不同的文化为青少年的人格成长提供了不同的认同资源，这一认同主要来自青少年自身的行为在日常生活中所得到的反馈评价。青少年的行为举止能够得到父母及其他成年人的反馈，因此青少年在与其他成人交互的过程中，获得的赞许被强化，进而形成自我认同的资源，这就是埃里克森所谓的"身体的支配和文化的意义相符合，与功能的快乐和社会的承认相一致，因而有助于形成现实主义的自尊"。其次，在青少年的社交关系中，他们形成了对其他虚拟人物或现实人物的认同，其中最重要的是家庭历史对青少年自我认同的影响。比如家庭的收入、地位、文化观、念族群背景等诸多因素，都是青少年建构自我认同的资源。

在存在族群歧视与偏见的社会中，少数族群成员往往会接受来自主流群体的歧视与偏见，于是形成了消极认同。此外，在少数族群的成长过程中，教育等因素使其接受了优势群体的文化理想，但有时没有获取或者实现的途径，便加剧了这种消极认同。"容易把占统治地位的大多数给予的消极印象与自己集团中培养起来的消极认同融合在一起"。于是，少数族群中的个体在自我认同过程中，不断重复着青少年时期族群、地区和阶级等各类文化认同统整的失败。

2.跨文化教育回应

身份认同是跨文化教育的核心问题。在文化多样性社会中，个体自我认同的建构具有多种资源，存在于家庭、学校以及其他文化环境的互动中。青少年首先在与父母的交互中形成对父母的认同，并在此基础上建构初步的自我意识，这是自我认同的开始；在与家庭之外的他人以及相关文化资源的接触、互动中，青少年形成了对其他人的认同，并且在他人对自身的评价中不断地修正自我意识，发掘自我身份在各种关系中的意义。

青少年自我认同的建构在学校教育过程中得到延续，在这里，个体的自我认同存在更多的资源，比如青少年所处的人际关系、课程内容中的文化表征以及大众媒体的文化表征，都成为青少年建构自我认同的资源。学校教育过程中青少年的人际关系主要包括师生关系和同学关系。在这两种关系中，根据教师、同学的反馈，青少年的自我意识不断进行修正。跨文化教育需要建设互相尊重、平等交往的学校氛围，并且在教育政策和学校教育中，不应突出强调青少年的族群身份。在课程内容的文化表征方面，需要从不同族群之间的互动关系角度设计与跨文化教育有关的课程内容，进而使学生学会身份认同的不断调整。从族群互动的角度设计课程内容，一方面让任何族群的青少年不会感觉自己是他者，自身所属的族群文化背景在课程中是存在的，并不是被特别关照的他者；另一方面，其族群身份不会对自我认同产生重大影响，安全感和自尊感不再依赖于对族群身份的认可。跨文化教育需要引导学习者发现和批判性地认识社会中的价值观念、行为方式和文化表征的差异，尽量避免因不同身份造成的文化认同冲突，避免对学习者的自我统整造成障碍，促进学习者的自我和谐。

（二）社会心理学之身份认同与跨文化教育回应

在社会心理学领域，对身份认同问题研究影响深远的理论是社会认同理论（Social Identity Theory）以及自我归类理论（Self-Category Theory）。社会认同理论所关注的是人们将自己依群而分的取向，解释了"人以群分"的现象及其结果。

1. 社会认同理论与文化差异

社会认同理论产生于20世纪70年代心理学家亨利·泰弗尔（Henri Tajfel）等人所做的群际过程研究。泰弗尔指出，"个体在进入社会时，面临的最重要、最持久的问题之一是发现、创造或界定自己在社会关系网络中的位置"。社会认同理论阐释了个体寻找适合社会位置的过程。在社会认同理论的研究中，群体包含认知、评价和情感三部分：认知是作为个体对自己群体成员身份的认知；评价是个体对其群体成员身份所持的价值判断；情感是个体在对群体成员身份认知、评价的基础上所形成的情感，表现为归属感、自尊感和安全感等。因此泰弗尔认为，社会认同的关键是个体如何理解自己所处的社会。社会认同理论是从个体认知的角度解释群体行为，包括群体的形成、群际冲突以及群体与成员之间的关系。个体将自我和他人归入不同的社会群体，在此过程中，伴随着对自我和他人的类型化认知，并与个体的自尊、归属感和安全感等相连接。当个体将自己看作某一群体的成员，表明个体已经内化自己为群体成员的身份，拥有了对此群体的社会认同。因此社会认同是个体自我概念的一部分，是社会认同过程（social identification process）所产生的心理结果。

社会认同理论的假设是个体有社会群体归属的心理需要。因此，个体总是进行不同的群体分类，在此分类过程中，伴随着对群内成员的认同和群外他人排斥的"求同立异"过程，同时包含着归类、认同、自尊、偏见、歧视等各种心理结果。

在此研究的基础上，社会认同理论还探讨了社会变革。泰弗尔认为，社会认同是"社会变革中的干预性因果机制"，个体对社会变革的情感包括准备、期待或恐惧等不同的状态，出现"非安全性社会认同"（insecurity social identity）。在此情形下，个体在群际交往中的态度和行为随之发生变化。泰弗尔根据群体的社会地位，区分出三种不同的社会变革情境，分别是边缘化群体的自我界定困难、优势群体的自我界定受到社会变革的威胁、次级群体的自我界定发生变化。正是基于社会变革，使社会认同理论中社会认同成为一个动态的概念。

社会认同理论对于社会变革的讨论，说明了个体社会认同的可变性和多重性，同时分析和解释了社会变革的心理条件和结果，成为文化多样性研究中的重要理论基础。

从社会认同理论分析文化差异与社会认同的关系，个体对社会中某一文化群体的社会认同越强，对该群体的心理联系就越紧密，个体对社会凝聚力造成的伤害就越大，党同伐异的倾向就越明显，在基于认知分类所形成的想象共性中，个体可能分裂社会。同样，在一个文化多样性社会中，族群的成员为了提高自尊，族群认同较高，会对国家认同和社会凝聚力带来不利的影响。个体对自身的族群认同越是强烈，社会分裂的可能就越大。为了解决这种基于社会认同的群际冲突，需要强调个体拥有多元的社会认同，拥有复杂多面的社会文化归属，通过互相尊重和协商，放弃强调族群的独特性特征，从而解决多元文化社会中的族群冲突。

2. 自我归类理论与文化差异

社会认同理论对个体自我意识和社会认同之间关系的认识不明确，对个体如何维系自己的社会认同缺乏深入的探讨。约翰·特纳提出自我归类理论，将研究重点从群间关系转向群体行为和社会行为，从而扩展了社会认同的研究。

自我归类理论认为，个体将自我和他人进行分类，"从社会类别的角度定义、描述和评价自己，而且把群体内的行为规范应用于自己身上。群体在个体成员的心目中从认知上表现出来，并在这个意义上作为社会认同的过程而存在"。个体通过这种分类过程，将自己的价值观念维系在不同的群体上，形成对该群体的认同。

自我归类理论认为，个体的自我概念有认知性、多重性和情境性三个重要特征。认知性指个体的自我归类建立在对社会群体认知的基础上，认知因素是社会分类和自我归类的基础；多重性指自我概念由很多部分构成，它们"相对独立地"发挥作用，个体拥有多重的自我；情境性指自我概念因情境而异，个体某部分自我概念的显著性因情境的不同而有不同的呈现，个体所接受的认知刺激与自我特征之间相互连接，激活了个体某部分的自我特征，将使该部分的社会身份变得显著，同时"启用"不同的社会规范。

因此，个体的自我归类是一个动态过程。在自我归类理论中，个体的社会认同是多元的、动态性的，是建立在对社会类别不同层次的认知水平之上的。根据认知水平的不同层次，人类的自我归类可以分为三个层次：作为人的类属认同、作为社会群体的社会认同和作为独特个体的自我认同。由于群内成员和群外他人之间普遍存在差异，为了提高群体类别的显著性，个体将采取去个性化（de-individualization）和自我刻板化（self-stereotyping）的策略，使群内差异最小化，群际差异最大化，达到求同立异的效果。

由于个体对社会分类的内化是社会群体形成的来源，个体在使用求同立异策略时，当某一社会类别成为个体自我概念的内化部分时，个体就会产生对该群体的认同感，社会群体因此形成。社会类别的内化机制有两个模式：其一，群体模范的影响，是"与可靠的、有声望的或有吸引力的他人进行说服性沟通的结果"，传教就是这种典型模式；其二，群体成员的公开行为，比如在球赛时，为自己球队呐喊助力而形成不同的球迷群体。

社会心理学中对身份认同的研究，关注的是个体与社会群体之间的关系、个体的群体归属感及其对情感与行为的影响，进一步对族群关系、族群冲突的产生进行阐释，对于族群之间的不平等现象提出了新的解释。泰弗尔和特纳进行社会认同研究的主要目的，就是寻求基于群体的社会平等。

3. 跨文化教育回应

在学校的多样性环境中，基于不同族群之间的互动关系，学习者的社会认同得以形成，学习者对其族群文化的认同过程是跨文化教育所要解决的关键问题，即学习者社会认同的协商过程。

根据上述社会认同理论和自我归类理论，基于对学校及社会情境中群体地位和群际关系的认知，学习者形成族群文化认同，并因情境的不同而处于动态变化中。比如，在与老师或同学交互过程中，学习者形成了对自身族群的强烈认同，情感和态度与该族群身份密切连接，表现出群内偏好和群外歧视的倾向，形成"我族中心主义"偏见。另外，社会地位也影响学习者的社会认同。如果学习者出身和社会地位较低且流动性较大，则宽容程度较高，在跨文化交互中，族群文化认同就不是障碍。

跨文化教育应尽量避免学校教育中族群构成的单一化，使跨文化交互成为学校教育的常态，学习者就能将跨文化学习与自身的日常经验密切结合，进而意识到社会认同的多重性和动态性。学习者在形成尊重和宽容的态度后，就能够意识到自我和他人的社会认同是"主体间性"的，是相互协商的过程，族群身份只是个体的社会身份。

在学校的跨文化教育中，还需要强调学习者社会身份的多元性，以及在各种关系中的协商。通过协商，学习者不会在自我刻板化的基础上提升自尊感，即能够避免以某一特定的社会类别（如族群身份）看待他人，并避免将属于这一社会类别的刻板印象强加于他人。

（三）社会学之身份认同与跨文化教育回应

个体的身份认同形成于各种社会关系中，并对个体的自尊、安全感及社会行为等产生重要影响。随着现代社会的发展，传统价值观念瓦解，社会族群构成多样化，个体的社会文化归属呈现多元化表现，在社会中常有无所适从的感觉，其身份认同便成为社会学家关注的重点问题。

1. 社会的个体化理论

第二次世界大战以后，全球化、多元文化主义、个人主义以及极端主义等思潮冲击着西方社会的方方面面，传统的社会共同体对个体的影响逐渐衰退，个体所面临的选择越来越多，被迫成为自己生活的主宰，形成"个体上升"潮流，这就是个体化。个体化理论是对这一社会现状的理论反思，重点讨论新保守主义和新自由主义两大政治取向对政府政策产生的交替影响。个体化理论与政治、经济和社会发展密切联系，从宏观的社会结构变迁视角考察个体在社会中存在的意义。

个体化理论认为，个体化的加剧带来了三个后果：自我与社会之间的关系被重塑；传统社会的大共同体如国家、民族、族群等逐渐淡化，地方主义、民族主义甚至极端主义逐步抬头；社会的个体化加剧迫使女性面临着新旧社会结构变迁的困境。社会组织与个体之间的关系越来越松散，社会结构发生了以下变迁：劳动力市场的特征和家庭的功能发生变化，传统社会组织（比如工会和教会等）对个体的支持和约束力明显减弱，地方共同体对个体的控制也因人口流动和信息技术的发展而减弱。

2. 个体化社会中的身份认同与文化差异

在个体化社会中，文化差异的普遍性伴随着流动性产生的不确定性，以及缺乏安全感，迫使个体在生活中不断地重新塑造和界定自我。人们的选择和决定塑造着他们自身，个体成为自身生活的原作者，成为个体认同的创造者。

在个体化理论的学者看来，打破传统的社会壁垒之后，个体的流动成为普遍现象，表现形式以风险分配的不平等为主。这种新型的不平等致使传统社会组织瓦解，新型社会组织涌现，个体在选择自己的文化归属时呈现多样性，同时必须为自己选择的后果负责。因此个体的身份认同出现了动态、多元和易变等特征。

由于身份认同呈现多元性和流动性，因此个体想要维持单一的身份认同，就具有相当的风险和对未来的不确定性。当前拥有社会地位、技能和带来归属感的群体，短期内可能不复存在。人们常常处于对自我的不断探寻之中，并且往往在探寻的过程中精疲力竭；不确定性和迷惑经常困扰着人们，本想快速摆脱的这种不确定性和迷惑缠绕不去。

3. 跨文化教育回应

个体化理论阐释的基本问题是，在社会控制全面衰落之际，个体如何在社会环境中安身立命。个体化理论认为在去个性化和全球化趋同日益明显的时代，身份认同成为普遍的时代性问题。

个体在各种不同的文化中徘徊，面临着多元且不断变化的自我，生活随时有不确定性。在这种困境下，要求跨文化教育培养个体对不确定性的容忍，对焦虑、心理压力等情绪的管理，以及对模糊的情境和行为保持开放的态度。

跨文化教育需要强调普遍价值的学习，包含以下两个层次。

第一，普遍价值是人类社会的普遍价值，是以尊重人权、追求平等为基本的价值取向，是人类文明的共同诉求，是在全球化时代不同个体进行平等交流的前提，是在建构国家认同所需要的跨文化整合的前提。唯有在跨文化教育中倡导普遍价值，学校场域内的学习者之间才能建立平等关系，族群文化认同才不会构成对国家认同的损害。在跨文化教育的过程中，学习者树立普遍价值时，能够避免形成"我族中心主义"观念，个体能够在跨文化交际的情境中以多重文化认同开展交流。

第二，在强调普遍价值的基础上尊重文化的相对性。不同文化具有独特的功能和体系，学习者的文化认同都具有合理性，能够为学习者提供安全感和确定感。在学校教育过程中对于文化多样性的尊重，是尊重不同学习者个体的文化认同，以此维持了学习者高水平的自尊。

跨文化教育还要强调个性化，这是对本质主义文化观和认同观的摒弃，为个体的自我认同提供了可能。个性化要求个体能够在共时性和历时性两个层面对自我认同进行统整。在共时性层面，个体为了保持自尊，在不断协商过程中表现出合适的行为，并能以宽容的态度对待不同的观念和行为；在历时性层面，学习者认识到的文化认同处于不断变化中，在不同的时间内，不同的群体身份对于学习者的意义有所差异。需要让学习者意识到，通过跨文化教育，自身在与他人交往过程中，文化身份不断地变化，跨文化教育需要让学习者习得应对不确定性的能力。

三、跨文化能力

出于跨文化整合政策的需要，跨文化教育的意图在于，在文化边界进一步模糊、特定区域内人口多样化的环境下，让拥有不同文化背景的学习者良好地应对学校和社会中的文化冲突，与来自不同文化背景的人平等、和睦地交流。跨文化教育的基本目标是通过培养学习者的跨文化能力，促进文化整合，培养适应全球化时代要求的公民。

（一）能力的内涵及其演变

自从 20 世纪 70 年代以来，随着产品和生产过程中技术创新速度加快，工商业领域要求通过教育培养在特定的情境中完成工作目标的人才。"能力"一词在教育研究中成为最常见的词汇之一。

在中文和英文的语境中，"能力"一词都存在许多近义词汇：中文里有技能、才能、本领等，英文里则有 ability、competence、capability、effectiveness、skill 等。其中 ability 指群体或个体能够执行特定任务或完成特定目标的内在素质，与中文的"才能"一词相对应；competence 目前多被译作"能力"，表明个体或群体所应具备的基本素质和基本能力；capability 指个体通过教育所获得的处理某个具体问题的能力，通常比 competence 更为具体，与中文中的"本领"对应；effectiveness 通常作为衡量能力的标准，表明"能力"产生的背景，要求有效地解决特定问题；skill 对应中文中的"技能"，指个体所拥有的可操作的技术，包括动作技能和思维技能两类，是能力（competence）的组成部分。

因此，英文词汇"能力"的区别在于抽象层次不同，competence 指在特定情境中有效解决问题的基本能力，其抽象层次最高；本领（capability）指向具体问题，抽象层次比 competence 低，才能（ability）侧重于内在的潜质，技能（skill）则是能力的重要组成部分。

随着时代的演变，能力的内涵不断发生变迁，因各国国情的差异而有所不同，英国侧重于功能主义取向，美国则重于行为主义取向。

20 世纪 80 年代中期，英国的职业资格证书体系明显体现了功能主义取向，就是将能力与工作情境中的职业表现紧密相连，其能力评价的教育评价标准是职业情境取向；行为主义取向则认可个体通过接受教育所表现出来的恰当、有效的行为，而且此类行为具有迁移性。

功能主义取向与行为主义取向反映了对"能力"的不同侧重。功能主义取向侧重于组织需求，而行为主义取向重于个体发展；功能主义取向侧重于特定能力，行为主义取向侧重于一般能力。

此外还有另一种取向，即认知主义取向。依据布卢姆的教育目标分类，认知主义取向将"能力"看作一系列特定职业情境所必需的态度、知识和技能，还包括快速掌握工作任务、提出解决问题方法的能力。

近年来，随着研究的深入，出现整合的"能力"概念。在美国传统的行为主义取向中，加入了功能主义的能力和认知主义的能力；在英国传统的功能主义取向中，加入了行为主义的能力和认知主义的能力。至此，能力的内涵达成了共识："能力"强调对实际情境问题的解决，其标准是在一定情境中能够实施"有效的行动"；能力的基本要素包括认知、情感和行为三方面，集知识、技能和态度（knowledge、skill、attitude）三者于一体。

关于"能力"构成要素的确定方式，有理念型和实务型两种。理念型构成遵循演绎的方法，专业人员根据自己的专业知识，结合情境对个体能力的要求确定能力的构成，优势在于目标明确，但缺陷是将知识、技能和态度进行简单的拆分；实务型构成依照归纳的方法，在对情境问题进行概括和归纳的基础上总结情境对个体能力的要求，优势在于充分考虑情境与人的互动关系，但缺陷是对"能力"构成要素无穷尽的罗列，最终无法达成共识。

（二）跨文化能力的界定与相关研究

跨文化能力是来自不同文化的人们进行互动与对话的能力，涉及多元的文化背景与身份。与之类似或相联系的概念有许多，例如，跨文化交际能力（interura/cross-cultural communication competence）、跨文化语者（intercultural speaker）、跨文化人（intercultural person）、多元文化人格（multicultural personality）、文化智力（cultural intelligence）、跨文化成熟（intercultural maturity）及世界公民（global citizen）等。有些人认为，跨文化能力属于人际交往能力的类型之一，两者之间的共同点多于差异（Kealey 2015；Spitzberg 2015）；有些人认为，两者虽然密切联系，但却存在重要的差异（Chen & Starosta1996）。文化背景在人际互动中往往隐而不现，但在跨文化互动中却变得突出起来，能否跨越文化差异造成的种种障碍是衡量交际者是否有能力的关键指标。在此意义上，后一种观点更有说服力，也是大多数学者界定跨文化能力的起点。

目前，已有很多学者借鉴人类学、语言学、教育学、社会学、传播学、管理学和心理学等学科的研究成果，从各自的角度界定跨文化能力。例如，美国心理学家丁托米（Ting-Toomey）提出，跨文化能力是交际者与来自其他文化的成员展开有效的协商，获得满意结果的能力。Chen 和 Starosta（1996）将跨文化能力理解为交际者在具体的语境中商讨意义、辨析文化身份，有效而得体地交际的能力；Kim（2001）认为，跨文化能力是交际者进行心理调整，适应新环境的内在的能力；Arasaratnam 和 Doerfel（2005）提出，跨文化能力是交际双方感知的、达到称心结果的能力；Dai 和 Chen（2015）对跨文化能力的界定是，建立跨文化联系、发展和谐互利关系、一起成长的能力。

在众多彼此不同、各具特色的跨文化能力定义中，有三个争议引人注目：其一，个人特性与发展过程的争议；其二，内在潜能与外在效果的争议；其三，东西方文化不同侧重点的争议。

关于第一个争议，许多学者认为，跨文化能力是交际者个人的特性，例如开放、敏感、博识、灵活与合作等。这种观点静态地理解跨文化能力，忽略了它的变化与发展。以 Bennett 和 Hammer 等为代表的一批学者，从动态的发展过程分析跨文化能力概念，辨析其演进的不同阶段。

第二个争议具有较大的理论意义。一些学者认为，跨文化能力是交际的有效性，能力与有效性几乎是等量齐观、可以交替使用的概念。另一些学者认为，跨文化能力不是外在的交际行为的有效性，而是交际者内在的素养、潜能以及人格的力量。

第三个争议是当下跨文化能力研究中的一个重要议题。以英国和美国为代表的西方学者认为，跨文化能力是交际者掌握文化知识、控制互动过程、实现个人目标的能力；而以中国、日本和韩国为代表的东方学者认为，跨文化能力是准确、细腻地体会他人情感、克制自我、建立和谐人际关系的能力。人际关系的和谐远比自我目标的实现更加重要。

在上述三个争议中，前两个争议反映出学者对跨文化能力的不同理解，后一个争议体现出东西方文化迥异的价值取向。经过多年的学术争鸣，学者们对跨文化能力的认识逐步提高，取得了一些基本共识。例如，大部分人赞同跨文化能力既是个人特性，又是行为技能，更是一个动态的发展过程，有效性（effectiveness）和得体性（appropriateness）是衡量它的两个关键标准。跨文化能力包括情感、认知和行为三个基本要素，不仅表现在交际目标的实现上，而且表现在交际方式的恰当与行为的得体上。

需要指出的是，西方学者在界定跨文化能力时，倾向于回避东方文化推崇的道德修养，也比较轻视情感因素。目前，西方学者的理论主导着跨文化能力研究，我们应该努力摆脱西方的文化偏见，以更开阔的视野理解跨文化能力的内涵。既然来自不同文化的成员之间可以展开跨文化交际，那么跨文化能力理应包括多元的价值取向。

与交际能力一样，跨文化能力可以分为一般跨文化能力和特定跨文化能力。一般跨文化能力是指那些应用于所有跨文化情境的基本的交际能力。特定跨文化能力是指在特定语境中的抑或与特定技能相联系的交际能力，例如，跨文化交际意愿的培养、焦虑与不确定性的控制、外语学习、跨文化适应、言语通融、身份建构、面子协商以及组织协调和领导管理等方面的能力。我们在界定跨文化能力时应该注意两者之间的差异。

（三）跨文化能力的不同取向模型

1. 交际适应取向

跨文化能力的研究主要来自跨文化交际的研究，跨文化交际理论以交际学和心理学的理论为基础，探索和解释跨文化情境的特征以及交际者遇到和需要解决的问题。在跨文化交际理论的基础上，形成并建构跨文化能力模型。

来自交际适应取向的学者对跨文化能力有以下几个主要的界定：

（1）布莱恩·施贝茨化格（Brian H. B Spitzberg）认为"跨文化交际能力非常宽泛，其所表达的是在既定环境中个体适应、有效的行为"。

（2）阿尔维诺·凡蒂尼（Alvino E.Fantini）认为"跨文化能力包括三个基本内容：①能够发展和维持关系；②能够有效并适应地交往，并将意义的丢失和扭曲最小化；③能够与他人合作"。

（3）陈国明（Guoming Chen）认为"在特定环境中，交往者（interactant）进行交际并引起期望中的反应"。

由于"能力"是指个体在一定的情境中表现出适应的行为，并有效完成既定工作任务，因此可以简单界定跨文化能力为，在跨文化情境中做出适应的行为、以实现有效地交际，适应性和有效性是跨文化能力的两个基本标准。适应性和有效性的标准对于跨文化能力的模型开发具有重要意义。

适应性标准强调的是跨文化交际的情境因素，强调交际者与交互对象之间的文化适应性，突出了文化因素。有学者认为其缺陷是对实际的交际情境关注不够，不同的交际情境可能有不同的适应性标准。比如，留学生与教授的交际和留学生与同学的交际之间存在不同，与同样对象（留学生）之间的交际在不同的情境中也会存在差异，重视文化因素就会忽视交际情境。

有效性标准比适应性标准复杂，适应性是情境取向，有效性是结果取向，有效性标准强调在跨文化情境中，通过正确理解和意会对方的意图实现彼此交互的目的。有效性的标准包含以下两个方面，交际双方的协商过程，在解读的基础上如何作出有效的回应。协商过程指如何正确解读对方的行为，形成有意义的协商；有效的回应可以理解为对有意义的协商过程进行有效的管理。

通过不同学者对跨文化交际情境问题的实证研究，形成了多种跨文化交际理论，构建了各自不同的跨文化能力模型，比如，古迪孔斯特的不确定性／焦虑管理理论、丁允珠的面子协商理论、陈国明的跨文化交际理论、约翰·贝里的跨文化适应理论等。

本书仅以古迪孔斯特和陈国明的理论为例，分析和阐述交际适应取向的跨文化能力模型。

（1）古迪孔斯特的跨文化能力模型

美国学者古迪孔斯特（Gudykunst）在焦虑／不确定性管理理论的基础上构建跨文化能力模型（图 3-3）。焦虑和不确定性都是心理现象，不确定性属于认知范畴。个体在预测他人态度、感情、行为和价值观念时，在认知上产生不确定性，焦虑是不确定性的情感反应。

焦虑／不确定性管理理论认为，个体在进入陌生的环境后，由于面临许多的不确定性因素，会缺乏安全感和产生焦虑。古迪孔斯特认为，焦虑和不确定性是影响跨文化交际的动机、理解交际对象行为的重要因素。他指出，诸如身份认同、移情、理解复杂信息等跨文化交际因素，都与不确定性和焦虑的水平紧密相关，不确定性／焦虑管理直接影响跨文化交际的有效性。

焦虑程度太高或太低都对交际有影响。焦虑程度太高导致失去交际动机、交际行为选择不当，焦虑程度太低则容易忽视文化差异，引起误解、冲突。因此，跨文化能力是个体在交际过程中对不确定性或焦虑的管理能力，包括理解他人感情、态度和行为的能力。

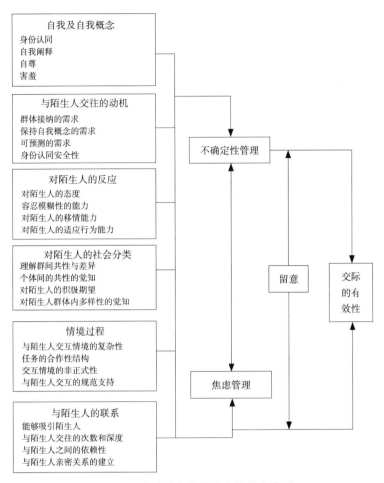

图 3-3 古迪孔斯特的跨文化能力模型

（2）陈国明的跨文化能力模型

我国学者陈国明等在总结和评述一系列原有的跨文化能力后，建构了自己的跨文化能力模型。他认为原有的跨文化能力缺少对情感、态度、知识三方面的整合，因此提出一个整体的跨文化能力模型——三角模型，包括跨文化敏感性、跨文化意识与跨文化有效性三方面，分别对应情感、认知和行为（图 3-4）。

图 3-4 跨文化能力模型

在三角模型的基础上，陈国明等学者进一步建构了五维度跨文化能力模型，包括自我表露、自我意识、社会适应、交际能力和交互参与（表3-2）。

陈国明的跨文化能力模型　　　　　　　　　　表3-2

	维度	类别
跨文化能力	自我表露（self-disclosure）	表露深度
		表露次数
	自我意识（self-consciousness）	私下自我意识
		公共自我意识
	社交适应（social adjustment）	社交焦虑
		适应能力
		响应能力
		社交情景
	交际能力（communication competence）	交际能力
		跨文化行为
	交互参与（interaction involvement）	专注能力
		感知能力

以上两个跨文化能力模型的构成要素有许多不同，说明交际适应取向跨文化能力研究的复杂性。古迪孔斯特的模型更注重交互双方的心理反应，陈国明的模型更注重交际行为；古迪孔斯特的模型强调了专注的重要性，强调在整个交际过程中保持注意力，并且需要以对方的立场反思自己的文化；陈国明等学者的理论构建中引入了人格特征（包括自我表露和交互参与）和心理适应（社交适应）两个心理因素。两种模型都强调交际能力的重要性，但在古迪孔斯特理论中没有重视交际能力与个体的人格特征紧密相关。

2. 外语教育取向

语言作为承载着文化的一种交际工具，在外语教学中需要贯穿跨文化交际能力的教育。从跨文化交际的视角来看，在外语教育过程中还需要考虑以下五个问题：第一，外语教育需要包括基本语法和语言使用能力的教学，以便实现基本的沟通，使交际成为可能；第二，能否以母语使用者作为教学的标准，也就是交际中的权力关系，如果以母语使用者作为标准，必将导致外语学习者处于弱势地位；第三，通常外语教学以国家文化为区分单位，意味着外语教学围绕该国主流群体的价值观念和行为方式进行，这种教育教学是否合理？需要研究外语教育与文化的关系；第四，文化的学习需要包含社会化内容，需要将个性的发展整合进外语教育的过程，这就是外语教育与个性发展的问题；第五，"能力"包含情境的概念，需要个体能够在适当的情境中做出适应的、有效的行为，因此外语教育需要重视跨文化交际的情境要素。

英国外语教育专家拜纳姆等基于以上五个问题，构建了跨文化能力模型（图3-5），这是外语教育领域最有影响力、应用最广泛的跨文化能力模型。

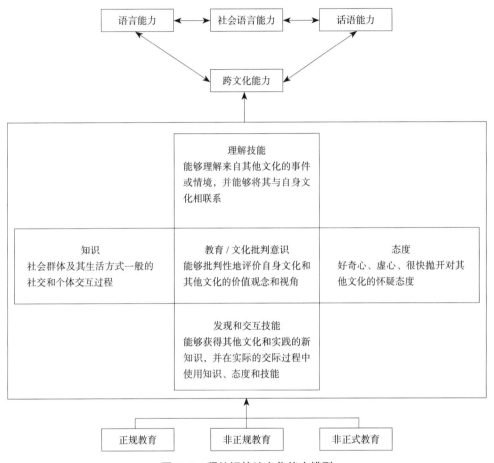

图 3-5 拜纳姆的跨文化能力模型

按照认知主义的能力分类，拜纳姆等学者将跨文化能力分为知识、技能和态度三类，这三类能力与教育过程密切相关。在跨文化能力的建构中，"知识和态度是跨文化能力建构的先决条件，虽然在跨文化交际过程中知识和态度会被修正"。拜纳姆指出，知识、技能和态度三个方面的能力是互相依赖的，知识的增长促成积极开放的态度，开放的态度有利于知识的掌握和技能的增长。技能体现在交际过程中，根据交际过程对个体能力的要求，技能可分成理解技能以及发现和交互技能两类。

拜纳姆的模型主要以学校中的外语教育为目标建构，他从正规教育、非正规教育和非正式教育三方面论述跨文化能力的培养环境，关注跨文化能力培养的教育因素。拜纳姆本人经常参与欧盟对跨文化能力的研究和欧洲委员会《通过教育培养跨文化能力》(*Develop Intercultural Competence Through Education*)的撰写工作,为欧盟关于学校教育中跨文化能力的研究奠定了基础。

3. 整合取向

关于不同的跨文化情境所需的共同的能力要素,以及在跨文化能力的态度、知识和技能三者之间关系的研究,达拉·迪尔多夫(Darla Deardoff)建构的跨文化能力金字塔模型(图 3-6)得到广泛认可。

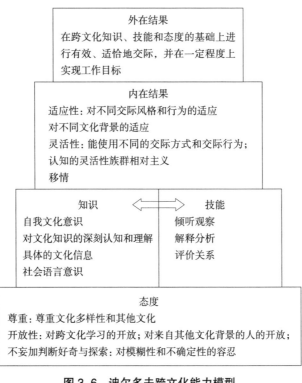

图 3-6　迪尔多夫跨文化能力模型

金字塔模型由五个要素构成,分别是态度、知识、技能、内在结果和外在结果。最底层的态度要素的必备要求是尊重他者文化及文化的多样性,对文化间学习及外国人的开放性心态、好奇心和积极探索。态度是跨文化学习的最基本,也是最根本的前提条件,在形成跨文化态度的基础上培养跨文化知识和技能;知识要素包括自我文化意识、对他者文化语境和世界观的深刻认知、具体的文化信息、社会语言学意识;技能要素包括观察、倾听、分析、解释、评估等,跨文化知识与技能相互影响;理想的内在结果包括对新文化环境的适应性、认知灵活性、移情等;外在结果表现为在跨文化环境中进行有效和适应的沟通与行动。内在结果和外在结果属于跨文化学习的不同层次,内在结果属于个体层次,而外在结果则是在交互的层次上获得。这四层模型相互关联,形成从初级向高级层层递进的跨文化能力。

　　跨文化教育最早产生于 20 世纪 70 年代的欧美国家，1992 年联合国教科文组织在《教育对文化发展的贡献》中正式提出"跨文化教育"的概念，明确倡导各种文化互动的跨文化教育理念。从此，跨文化教育开始发展为多种文化的教学和学习的表现形式。

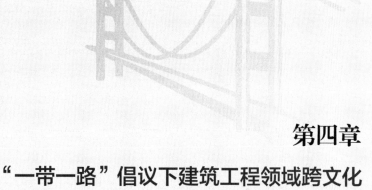

第四章

"一带一路"倡议下建筑工程领域跨文化

教育目标及实践路径

2013 年 9 月和 10 月，建设"新丝绸之路经济带"和"21 世纪海上丝绸之路"的合作倡议相继提出，随后，《推动共建丝绸之路经济带和 21 世纪海上丝绸之路的愿景与行动》《文化部"一带一路"文化发展行动计划（2016—2020 年）》《"一带一路"建设海上合作设想》《标准联通共建"一带一路"行动计划（2018—2020 年）》《共建"一带一路"倡议：进展、贡献与展望》《"一带一路"绿色发展北京倡议》《扎实推进高水平对外开放更大力度吸引和利用外资行动方案》等一系列重要文件相继出台，为"一带一路"跨文化交流规划了路线图和时间表。

"一带一路"倡议提出后的 10 年让中国走上了世界舞台，从理念转化为行动，从愿景转变为现实，从谋篇布局的"大写意"到精耕细作的"工笔画"，取得了实打实、沉甸甸的成就，成为深受欢迎的国际公共产品和国际合作平台。作为跨国界、长周期、系统性的世界工程，"一带一路"倡议必将使共建国家实现互利共赢。

第一节 "一带一路"倡议下的跨文化交流

一、"一带一路"倡议十年主要成果

2013—2023 年，通过"一带一路"倡议十年的实践，我国在政策沟通、设施联通、贸易畅通、资金融通、民心相通五个方面积极构建合作平台，签订合作协议，推进项目建设，实现与共建国家在多方面的互联互通，推动了各国各地区的经济社会发展。

（一）建长效机制，畅通政策沟通

"一带一路"国际合作高峰论坛是我国政府主办的高规格论坛活动，目的在于总结"一带一路"倡议进展，共同推进合作，共商合作举措，实现合作共赢。论坛包括开幕式、圆桌会议和高级别会议三个部分，成为高规格、高质量、高效率的合作平台。海上丝绸之路国际艺术节，丝绸之路国际电影节，"一带一路"经济信息共享网络和可持续发展论坛，以"一带一路"为主题的博览会、交易会等平台的搭建，说明"一带一路"跨文化交流合作平台已经初具规模。

截至 2023 年 6 月底，我国与 150 多个国家、30 多个国际组织签署了 200 余份共建"一带一路"合作文件，遍布五大洲和主要国际组织，形成一大批标志性项目和惠民生的"小而美"项目；与俄罗斯、巴基斯坦等 65 个国家标准化机构以及国际和区域组织签署了 107 份标准化合作文件，促进民用航空、气候变化、农业食品等多领域规则标准的国际合作。

"一带一路"标准信息平台运行良好，覆盖 149 个共建国家，可提供 59 个国家、6 个地区标准化组织的标准化信息精准检索服务，在共建国家间架起标准互联互通的桥梁。

（二）建"六廊六路多国多港"，优先设施联通

我国与共建国家持续推进陆、海、天、网"四位一体"互联互通，扎实推进六大国际经济合作走廊建设和周边基础设施互联互通，成功建成中欧班列、西部陆海新通道、中老铁路、雅万高铁、匈塞铁路、比雷埃夫斯港等一批标志性项目，有效地发挥了重要的辐射带动作用。其中，中欧班列作为共建"一带一路"的旗舰项目和明星品牌，已铺画运行线路 84 条，通达欧洲 25 个国家的 211 个城市，成为沿途国家促进互联互通、提升经贸合作水平的"钢铁驼队"；西部陆海新通道铁海联运班列已覆盖我国中西部 18 个省（区、市），货物流向通达全球 100 多个国家的 300 多个港口；中老铁路成功开通运营，全线累计发送货物突破 2000 余万吨，发送货物品类达到 2000 余种。

"六大经济走廊"（中蒙俄、新亚欧大陆桥、中国—中亚—西亚、中国—中南半岛、中巴、孟中印缅经济走廊），"六路"（铁路、公路、海运、航空、管道和空间综合信息网络）建设，我国企业与共建国家政府、企业合作共建海外产业园和工业园等，"一带一路"成为共同推动各国经济持续发展的重要力量。

"一带一路"建筑工程领域建设主要由以下五类组成：一是口岸基础设施建设、道路桥梁基础设施建设，如与俄罗斯共建的中俄同江铁路桥项目、与哈萨克斯坦苏木拜河联合引水工程改造项目；二是能源基础设施建设，共同维护输油、输气管道等运输通道的安全，如在缅甸实施的中缅油气管道先导项目；三是跨境电力与输电通道建设，积极开展区域电网升级改造合作，如与巴基斯坦共建的中巴经济走廊框架下塔尔煤田二区块煤电一体化项目、老挝万象 500/230 千伏环网项目；四是跨境光缆等通信干线网络建设，以提高国际通信互联互通水平、畅通信息丝绸之路，如与吉尔吉斯斯坦、塔吉克斯坦和阿富汗合作的"丝路光缆项目"；五是推进双边跨境光缆等建设，规划建设洲际海底光缆项目，完善空中（卫星）信息通道。

10 年间，传统基础设施项目扎实推进，新型基础设施项目亮点纷呈，规则、规制、标准等"软联通"水平显著提升，"六廊六路多国多港"的互联互通架构基本形成，为全球互联互通、共同发展注入新活力。

（三）建经贸伙伴关系，着力贸易畅通

我国大力推动与共建国家发展互利共赢的经贸伙伴关系，致力于建立更加均衡、平等和可持续的贸易体系。我国与共建国家贸易规模不断扩大，结构持续优化，投资贸易水平持续提升。2013—2022 年，与沿线国家货物贸易进出口额、非金融类直接投

资额年均分别增长 8.6% 和 5.8%；与沿线国家双向投资累计超过 2700 亿美元；在沿线国家承包工程新签合同额、完成营业额累计分别超过 1.2 万亿美元和 8000 亿美元，占对外承包工程总额的比重超过一半。

中国国际进口博览会等重大合作平台的国际知名度和影响力持续提升。"一带一路"能源合作伙伴关系、"一带一路"税收征管合作机制等先后设立，为相关领域务实合作提供重要支撑，贸易自由化便利化显著增强。与共建国家在工作制度对接、技术标准协调、检验结果互认、电子证书联网等方面取得积极进展，区域全面经济伙伴关系协定红利逐步显现，"经认证的经营者"协议签署数量位居全球首位。

（四）建金融网络化布局，支撑资金融通

我国与共建国家及有关机构开展多种形式的金融合作，推动金融机构和金融服务网络化布局，为各国间金融交流提供了有力支撑，为共建"一带一路"提供了可持续的强大动力。10 年间，金融服务体系不断完善，金融服务供给持续优化，投融资体制机制稳步创新，金融合作空间向纵深拓展，多元化投融资体系逐步建立。亚洲基础设施投资银行会员国增长至 106 个，截至 2022 年年底，累计批准项目 202 个，融资额超过 388 亿美元，成为共建"一带一路"的重要融资平台。丝路基金也为共建"一带一路"投融资提供了重要支持，截至 2022 年年底，承诺投资金额超过 200 亿美元，项目遍及 60 多个国家和地区。与世界银行、亚洲开发银行等国际金融机构签署合作备忘录，与多边开发银行联合筹建多边开发融资合作中心，有效撬动市场资金参与。本币互换与跨境结算规模持续扩大。截至 2022 年年底，已在 17 个共建国家建立人民币清算安排，人民币跨境支付系统的参与者、业务量、影响力稳步提升。金融监管合作不断加强，建立区域高效监管协调机制，完善金融危机管理和处置框架，提高共同应对金融风险的能力。

（五）建"小而美"民生工程，筑牢民心相通

我国与共建国家广泛开展多层次、多领域人文交流，推动文明互学互鉴和文化融合创新，共建国家民众的获得感和幸福感不断增强。10 年间，深入开展教育、科学、文化、体育、旅游、考古等领域合作，打造一批"小而美"民生工程，铺就通民心、达民意、惠民生的阳光大道；铺就"人才之路"，在共建国家建设的境外经贸合作区已为当地创造了 42.1 万个就业岗位；铺就"创新之路"，积极推进与共建国家在生态、气候、工程技术等领域的务实合作，推动共建联合实验室、国际技术转移中心，共同提升重大科技攻关和科技创新能力；铺就"健康之路"，扩大与共建国家在妇幼健康、残疾人康复、传染病、传统医疗等领域的合作，向有关国家提供医疗援助和应急医疗救助，提高协同处理突发公共卫生事件的能力；铺就"减贫之路"，持续实施乡村减贫推

进计划和减贫示范合作技术援助项目。预计到 2030 年，共建"一带一路"将使相关国家 760 万人摆脱极端贫困、3200 万人摆脱中度贫困，使全球收入增加 0.7% ~ 2.9%。

通过建设海外中国文化中心、孔子学院、各类艺术节、论坛、电影节等平台，为沿线国家的文化交流提供了有效支撑。在我国政府的帮助下，"海外中国文化中心"在沿线国家建立了固定的活动场所，对外公开挂牌，聘用专职人员，提供良好设备。在沿线国家法律允许的范围内开办图书馆，放映和出借影片，组织文艺演出，举办报告会、演讲会、培训班和各种展览，开展体育和文化娱乐等活动，成为我国与沿线国家跨文化交流的重要举措。开设的孔子学院、孔子课堂和鲁班工坊成为重要的跨文化交流合作平台。

我国与沿线国家在文化遗产保护、教育、旅游、体育等多个领域展开交流与合作。"丝绸之路国际博物馆联盟"加强与各博物馆相关国际机构和组织之间的联系与合作，提高社会对跨文化交流合作的关注度和参与度；在《推进共建"一带一路"教育行动》出台后，沿线国家通过签订互换留学生协议、联合培养、合作办学、建立远程教育体系等方式进行教育交流与合作，已初步形成"国家—地方—院校"三级教育行动网络，沟通疏通教育合作渠道，充实国别研究，深化双向留学，形成合作办学、科研合作新格局；我国与沿线国家共办旅游年，创办"丝绸之路旅游市场推广联盟"等旅游合作机制，与 57 个沿线国家缔结互免签证协定；在国家发展和改革委员会国际合作中心提出《"一带一路"战略下中国体育产业国际化研究》课题后，形成一批特色运动休闲项目，涌现出一批具有竞争力的体育企业等。

品牌与国家形象之间存在相互作用的关系，一个国家的文化品牌反映国家形象，国家形象强化文化品牌在国际上的地位。"一带一路"倡议提出后，通过具有标志性、代表性的文化品牌，中华文化得到传播和发展，增进了沿线国家人民对中国文化的认同感。我国多次成功举办文化年等文化交流活动，丝绸之路文化精品及相关文创产品引人瞩目。在众多的活动中，形成了"丝路之路文化之旅""欢乐春节""中非文化聚焦""美丽中国""意会中国""国家文化年""'汉学与当代中国'座谈会""丝绸之路国际艺术节""海上丝绸之路国际艺术节""中国新疆国际民族舞蹈节""丝绸之路（敦煌）国际文化博览会"等具有中国特色、国际影响的标志性文化交流品牌。

"一带一路"倡议十年引领我国对外开放持续深化，开放潜力得到充分释放，将沿边地区从开放"末梢"转变为"前沿"，初步形成陆海内外联动、东西双向互济的全方位开放大格局。共建"一带一路"理念得到了国际社会的广泛认可，为构建人类命运共同体贡献了中国智慧、中国方案、中国力量。共建"一带一路"的成功实践，提升了全球互联互通水平，推动了国际投资贸易繁荣发展，充分展现了我国作为负责任大国的使命担当。

二、"一带一路"倡议下跨文化交流特征

"一带一路"跨文化交流呈现中国首发、各方参与，官方主导、民间主体，由点带面、点面结合，因地制宜、因时制宜的运行特征。

（一）中国首发、各方参与

中国首发是指在跨文化交流中中国主动倡议、组织、主持跨文化交流活动。"一带一路"倡议由中国提出，中国在跨文化交流中表现积极，率先倡议举办各类跨文化交流活动。在我国政府、企业、社会组织、民众等积极主动组织各项跨文化交流活动的同时，更希望调动沿线国家各方面的响应和参与。五大联盟的成立充分彰显"一带一路"跨文化交流呈现的中国首发、各方参与的特点。五大联盟均由我国发起，获得各方广泛参与。

"丝绸之路国际剧院联盟"成立于2016年10月，由中国对外文化集团公司倡议发起，是国际化演艺产业平台。目前该联盟聚集全球42个国家和地区的124家成员单位，完成交流项目超过20个，举办演出超过150场。

"丝绸之路国际博物馆联盟"成立于2017年5月，由中国博物馆协会"丝绸之路"沿线博物馆专业委员会（69个成员单位）联合"国际丝绸之路研究联盟"（28个成员单位）和"丝绸之路国际博物馆友好联盟"（54个成员单位）三个组织以及巴基斯坦和坦桑尼亚的两个博物馆机构共同发起成立。现有成员共计161个单位，其中国际机构50个、国内机构111个。

"丝绸之路国际艺术节联盟"成立于2017年10月，由上海国际艺术节中心发起，是沿线国家艺术节互联互通、共创共享的合作实体、联系网络与服务平台。截至2019年10月，共有来自44个国家和地区的163家艺术机构加盟。

"丝绸之路国际图书馆联盟"成立于2018年5月，由中国国家图书馆、中国图书馆学会以及"一带一路"相关国家多家图书馆联合发起，旨在促进丝绸之路沿线国家图书馆之间的交流，同时促进图书馆专业人士共同进步。

"丝绸之路国际美术馆联盟"成立于2018年6月，由中国美术馆牵头成立，该联盟目前共有来自沿线19个国家和地区的21个国家美术馆和重点美术机构。

五大联盟已经成为城际文化交流合作机制的重要依托和举措，在我国与各方的和平合作、共同努力下，沿线国家跨区域文化交流进展顺利。五大联盟的相继成立和良好运行，充分展现了"一带一路"跨文化交流的"中国首发、各方参与"的鲜明特点。

（二）官方主导、民间主体

"一带一路"跨文化交流既依赖政府，又依赖民间机构、团体、组织和个人。官方与民间在跨文化交流中发挥不同的作用，官方发挥主导性作用，民间是跨文化交流的主体。

官方的主导性作用主要表现在以下三个方面：一是做好顶层设计。政府主导设计跨文化交流的方针政策，跨文化交流离不开政府方针、政策的支持和保障。"愿景与行动"为"一带一路"提供了顶层设计框架，描绘了宏伟蓝图。文件规定沿线国家要秉持和谐包容的共建原则，倡导文明宽容。文件还提出跨文化交流的路径，包括深化人才交流合作、加强旅游合作、加强科技合作等。更具有针对性、指导性的文件是《文化部"一带一路"文化发展行动计划（2016—2020年）》（简称"行动计划"），为"一带一路"文化建设工作的深入开展绘制了路线图。二是开展高层访问和高层对话。高层访问和高层对话为跨文化交流提供强大的政治推动力。三是以目标国家、市场的政府为公关客体开展高水准公关活动，以获得官方认同。

以政府间文化合作协定为基础，在国外举办中国文化节、文化周、艺术周、电影周和文物展等活动。开展高水准公关活动展现了我国的文化风貌和国家形象。官方充分发挥在跨文化交流中的主导性作用，顶层设计、高层访问和高水准公关活动等展现了官方的主导地位。

在官方的主导下，民间文化交流发展迅猛，民间部门日益成为"一带一路"倡议下跨文化交流的主体。民间机构、团体、组织和个人的积极参与，拓展跨文化交流的合作领域，扩大跨文化交流的主体，创新跨文化交流的方式，使中国文化与外交、外贸、旅游、学术交流等工作结合起来，增进沿线国家民众之间的相互了解和信任，进而提升沿线国家对共建"一带一路"的认同感。

（三）由点带面、点面结合

2016年8月，习近平在推进"一带一路"建设工作座谈会中强调："一带一路"建设要"牢牢把握重点方向，聚焦重点地区、重点国家、重点项目，抓住发展这个最大公约数"，这些思想强调"一带一路"跨文化交流要突出重点，把握重点。首先，把握重点方向，扩大交流范围。在"一带一路"倡议下的跨文化交流中，我国将健全合作机制、完善合作平台、打造文化品牌、推动产业繁荣发展、促进贸易合作为重点任务。在实践中，文化交流合作平台基本形成，文化交流品牌全面开展，文化产业蓬勃发展，这些实践成果在客观上促进了沿线国家寻求更多的契机，以加强跨文化交流与合作。其次，聚焦重点国家和地区，辐射周边。在跨文化交流中，注重发挥节点城市的地理优势、人文优势，还要聚焦重点项目，发挥示范效应。自"一带一路"倡议提出以来，我国塑造了一批品牌工程和品牌项目。通过重点合作项目的落实和完成，树立文化交流文明互鉴的典范，鼓舞更多国家和地区进入文明交流互鉴的"百花园"。

（四）因地制宜、因时制宜

文化交流的进程与世情、国情息息相关。我国结合沿线国家的实际情况，顺应时代发展的新变化，采取包容性策略，做到因地制宜、因时制宜。

因地制宜是指根据地域特点，制定适宜办法。"一带一路"横跨亚洲、欧洲、非洲的 65 个国家，不同国家具有不同的文明图景。了解和掌握沿线国家的实际情况是跨文化交流的基础。

因时制宜是指，根据不同时期的具体情况采取适当的措施。从 2019 年年底开始，疫情暴发并在全球快速蔓延。面对突如其来的严峻挑战，我国用实际行动践行自己的承诺，与"全球 180 个国家、10 多个国际和地区组织分享疫情防控和诊疗方案；向世卫组织提供 2000 万美元捐款；同 100 余个国家和国际组织举行专家视频会议；向 120 个国家和 4 个国际组织提供口罩、防护服、核酸检测试剂、呼吸机等物资援助，向伊朗、伊拉克、意大利、塞尔维亚、柬埔寨、巴基斯坦、委内瑞拉、老挝等国派遣医疗专家组……"。我国在支援"一带一路"沿线国家的同时，沿线国家的官方与民间也积极支援我国。与沿线国家的互帮互助使中国与沿线国家互相信任、积淀友谊。

"一带一路"跨文化交流是国家层面外事工作的重要内容，是一项系统性、长期性工作，涉及不同国家、民族、地区的不同部门和人员。因此需要通过健全高层磋商机制、文化共享机制、文化传播机制、人才保障机制、冲突协调机制等常态化的跨文化交流合作机制，确保资源得到更为充分的利用，将"一带一路"延伸到更多国家，影响更多人群，进而协调和保障"一带一路"倡议下跨文化交流的蓬勃发展。

2023 年 11 月，推进"一带一路"建设工作领导小组办公室发布《坚定不移推进共建"一带一路"高质量发展走深走实的愿景与行动——共建"一带一路"未来十年发展展望》，伴随"一带一路"倡议十年的辉煌成效，跨文化交流与实践得到蓬勃发展，建筑工程领域的跨文化教育需要与时俱进，紧跟时代发展。

第二节　建筑工程领域跨文化教育目标

根据顾明远主编的《教育学辞典》，教育目标有多个不同的层次，宏观层次的教育目标就是教育目的，是社会教育事业的发展目标；中观层次的教育目标是学校、学科、专项教育活动等的教育目标，包括学校设置的具体培养目标、某一学科的专门培养目标（如英语学科的教育目标）和专项教育活动（如心理健康教育、禁毒教育等专项教育活动）的教育目标；微观层次的教育目标指包含具体教学内容、具体课堂教学活动的教育目标。本书所分析的教育目标是指建筑工程领域跨文化教育这一专项教育活动的培养目标，属中观层次。

在教育目标的分类研究中，受到广泛肯定的是美国教育学家布鲁姆等人的研究。布鲁姆认为教育目标分为认知领域的目标、情感领域的目标和心理运动（技能）领域的目标。本书将从知识（认知领域）、态度（情感领域）、能力（技能领域）三个层面探讨建筑工程领域跨文化教育的具体目标。

一、跨文化教育的知识目标

跨文化教育的知识是指对世界上其他民族文化的知识，包括传统与现实的历史文化知识，风俗习惯、影视娱乐等日常文化知识，文学宗教等精神文化知识，社会政治经济教育制度等制度文化知识，城市村落与物产物质文化知识，以及对人类跨文化实践的历史与现实的了解，丰富的跨文化知识有利于跨文化交往。

跨文化教育的知识目标应该是尽可能全面准确地获得丰富的跨文化知识，掌握有关异民族文化的知识，有助于学习者深刻准确地理解异民族文化，形成合理的跨文化选择、合理的跨文化态度，全面、透彻的知识能使学习者表现出"多见不怪"的态度；相反，缺乏对异民族文化的知识，或者只有片面、肤浅的知识，可能导致学习者在与异民族文化相遇时表现出"少见多怪"的情形。对异民族文化的知识越丰富，理解异民族文化就越容易、越深刻；相反，对异民族文化的知识越欠缺，理解就越困难、越肤浅。

全面准确地理解异民族文化，尤其是外来文化的历史文化知识，有利于加强跨文化的理解，形成积极的跨文化交往，否则就会制约跨文化的实践。

在启蒙运动时期，欧洲曾出现一些相互矛盾的认知，导致对中国文化的不同态度。德国哲学家莱布尼兹非常称赞中国文化，认为中国是一个人道的文化古国，欧洲应该向中国学习，以中国为师。然而，德国哲学家的黑格尔却认为中国文化远远落后于欧洲，认为中国文化没有哲学思想，没有宗教感，缺乏理性。法国经济学家弗朗斯瓦·魁奈（Francois Quesnay）认为中国的农业社会制度是非常完美的社会制度，是欧洲学习的榜样；法国思想家孟德斯鸠（Montesquieu）则认为中国文化根本不值得欧洲学习。分歧的根本原因在于当时的欧洲思想家缺乏对中国历史文化全面、准确的了解，仅凭传教士发回的报告与信件以及少数翻译出版的中国文化书籍了解中国历史文化。

如今，欧洲已经对中国的历史文化有了比较全面的了解。欧洲的图书馆拥有大量关于中国历史文化的图书，甚至在大英博物馆可以找到通过掠夺得来的关于中国历史的珍贵文献。通过对双方历史文化知识的全面了解，中国与欧洲各国之间没有出现严重的跨文化冲突，几乎没有跨文化对抗。因此，全面准确地了解外来文化的历史文化知识，有利于形成积极的跨文化实践；反之，则难以形成。

政治、经济、军事知识也是文化知识的重要组成部分，是人类社会生活的重要部分，是文化的突出表象，起着关键和决定性的作用。中国近代史上跨文化实践的挫折案例，比如鸦片战争，主要原因就是缺乏对异民族文化全面准确的了解。

异民族文化还包括社会制度和日常生活中的物质文化。物质文化是最容易被认知的，但只有全面准确地理解了物质所表现的文化内涵，才有助于开展积极的跨文化实践。

刮痧和拔火罐是中国优秀的传统文化，是很多中国人熟悉的养生保健方法，可以用于治疗一些常见疾病。但是，在20世纪90年代，刮痧带来了一场复杂的跨文化冲突，一部反映在美国生活的中国人跨文化冲突的电影《刮痧》(Guasha)引起美国社会的广泛关注。

故事发生在美国中部密西西比河畔的圣路易斯市。许大同来美八年，是一位事业有成的电脑程序设计师。他的太太简宁也是在美国生活的中国人，夫妻两人与聪明可爱的儿子丹尼斯一起过着幸福甜美的生活，许大同将孤身一人的老父亲从北京接到圣路易斯团聚。一天，五岁的丹尼斯闹肚子发烧，爷爷用中国民间广泛流传的刮痧疗法给丹尼斯治病。当晚，丹尼斯不小心磕破了头，去医院急诊。美国大夫发现孩子后背刮痧后留下的紫痕，认为孩子在家中受到虐待，直接打电话报了警。儿童福利院更是认定许大同有暴力倾向，在医院当场禁止许大同夫妇接近儿子，并试图以法律手段剥夺其对孩子的监护权。在法庭上，许大同因无法通过以解剖学为基础的西医理论向法官解释清楚口耳相传的经验中医学，因此无法证明"刮痧"是疗法而不是虐待。法官当庭宣布剥夺许大同对儿子的监护权，不准他与儿子见面。后来，许大同的美国律师昆兰亲身体验了中医"刮痧"，并且了解到治疗的机理，明白了许大同一案的症结在于对中国传统医学的误解，于是向法官进行了说明，法庭最终取消了对许大同的判决，父子得以团圆。显然，这一误解是源于美国人未能全面、深刻地了解中国传统文化。当真正认识到刮痧只是治疗，并不造成伤害时，美国人才消除了对中国传统医学、医疗手段、医疗器械的误解。所以，对物质文化全面准确的了解，尤其是对物质所表现的文化内涵的全面准确理解，有助于开展积极的跨文化实践。

因此，加强跨文化理解、有助于实践全球性跨文化交往，跨文化教育的目标是让学习者在开放的社会环境中，通过有效的、直接的跨文化交往途径，尽可能全面、准确地掌握跨文化的各种知识。

二、跨文化教育的态度目标

人类的跨文化实践证明，各种积极的跨文化心态有利于跨文化交往。跨文化教育的目标就是培养开放、平等、尊重、宽容、客观、谨慎等积极的跨文化态度，消除故步自封、妄自菲薄、妄自尊大、偏见、歧视、狭隘等消极的跨文化态度。

（一）开放的跨文化态度

开放性是人类社会实践的形态，是人的生存需要，也是人类历史发展的必然。开放是对异民族文化敞开文化胸襟，学习异民族文化的优秀内涵，并以异民族文化为镜，深入认识本民族文化，对异民族文化不封闭守成，不妄加排拒。人类历史表明，没有任何人类群体可以在完全与其他文化群体隔绝的情形下良性地发展，人类所有文化群体都不可避免地接受其他文化群体的文化要素。

在今天这个多元文化时代，对异民族文化的开放就是对世界的开放，对世界的开放将为人类的生存发展提供广阔空间。开放是对文化多样性的认同，其基准就是人类类文化和不同民族文化的和谐发展。

我国学者汤一介指出，"欧洲文化发展到今天，之所以有强大的生命力，正是由于它能不断地吸收不同文化的某些因素，使自己的文化不断得到丰富和更新"。中国和印度在其中起到了重要作用。西方从东方获得了指南针、火药、丝绸和棉花等方面的知识，还有许多宗教和哲学概念。开放的心态有利于积极的跨文化实践。

（二）平等的跨文化态度

文化意义上的平等是指一切人类文化群体在本质上无高、低、上、下、尊、卑、贵、贱之别，是本质尊严上的平等。"平等是人在实践领域中对自身的意识，也就是意识到别人是和自己平等的人，把别人当作和自己平等的人对待"。平等是文化多样性存在与发展的社会伦理基础，是文化之间和平共存的价值基础；平等是尊重异民族文化的前提，文化平等是当今多文化世界可持续存在的基础。缺乏平等态度的社会将滋生各种形态的文化沙文主义，而当平等地对待异民族文化却无法获得异民族文化的平等回报时，这种单向平等将导致跨文化冲突。

（三）尊重的跨文化态度

尊重其他文化是联合国教科文组织长期倡导的一种跨文化态度，也是和谐的跨文化交往的基础。对文化的尊重，首先是对呈现这一文化的人的尊重，对其生命的尊重，然后是对其所呈现的文化的尊重。人的生命存在是人的文化存在的最基本形态。尊重是对异民族文化给予充分的注重，并遵从其生存方式，特别强调对于那些与本民族文化有较大差异，甚至截然相反的文化，应持有尊重的心态。尊重其他文化是人类更自在地生存发展所必需的心态。尊重是指不歧视任何异民族文化，尤其那些与本民族文化截然相反的文化。尊重是承认各民族文化自身的价值，尤其对于社会发展阶段较为落后的异民族文化，而不以社会发展形态和经济发展形态否定其文化价值。尊重异民族文化有利于避免因为文化差异导致的文化歧视。任何理由的不尊重都可能导致跨文化冲突。尊重使人见异不怪，当异民族文化倡导某些与本民族文化截然相反的文化形态时，跨文化的尊重就显得更加重要。我国当前的跨文化教育主要是传授跨文化知识，对跨文化态度的教育明显不够系统、深入，对如何引导学生形成开放、宽容、无偏见的跨文化态度缺乏明确的规范和有效的方法。跨文化实践告诉我们尊重外来文化有利于跨文化交往，不尊重外来文化则导致跨文化冲突。

（四）宽容的跨文化态度

宽容是跨文化尊重的必然，是基本的文化态度，本质上是对异民族文化，特别是对与本民族文化截然相反的异民族文化形态的公正认可，以及对这种对立性、否定性的接受。宽容是对文化差异的体会和认识，是文化多样性的核心价值观念，是要求异民族文化尊重本民族文化的逻辑前提，是克服任何形式的文化偏见、消解任何形态的文化冲突的伦理价值起点。宽容是自觉的，不是强加的；是双向、多向互动的，不是单向恩赐的，同时也是任何文化差异形态不可让渡的基本权利。宽容是建立在尊重的基础之上，对异民族文化价值、历史的尊重和理解。在跨文化交往中，宽容要求求同存异，宽大为怀，暂时退让以求未来发展。宽容是以文化的存在与发展为条件，不是对罪恶的妥协与退让，更不应该导致文化差异性的灭绝。任何形式的文化专制主义、假借道德之名的恐怖主义和践踏生命的行为都不是宽容。只有保持宽容态度，才能增进跨文化交往，促进本民族文化发展，同时促进不同民族文化的共同发展。

（五）客观的跨文化态度

在跨文化交往中的客观态度就是摒弃自己的主观心态，从异民族文化的观点，或者从第三者和全人类的眼光分析跨文化实践，总结经验教训，把握实践方向，实现人道的跨文化交往。客观的态度对于人道的跨文化交往非常重要，这是准确认知与合理选择的前提。客观态度意味着克服对异民族文化的偏见，不只是从自己的立场出发去认识、反思和处理与异民族历史和现实的跨文化冲突。客观的态度能促进各民族文化的共同发展，而主观的态度则会导致跨文化冲突，影响人类文化的共同发展。比如，德国文化中有强烈的自我批判和接受异民族文化批判的传统，使得德国文化能够客观地反思自己的历史。德国在第二次世界大战之后深刻反省自己的侵略行为，而且用法律形式禁止种族歧视、民族歧视、文化歧视，政府多次向被侵略国家道歉，德国前总理勃兰特在 1970 年访问波兰时，为第二次世界大战受害者下跪忏悔。德国的企业、团体经常被要求为其战争罪行进行法律赔偿，尽管德国国内存在少数的极右势力试图为第二次世界大战翻案，但一直为法律所不容。总体上，德国文化与被侵略过的国家的文化并没有出现跨文化的冲突。

（六）谨慎的跨文化态度

跨文化交往中的谨慎态度就是认真、细致而周全的态度，是指在与异民族文化交往中不应简单、贸然地处理问题和冲突，尤其是不应贸然认为自己对异民族文化的认识是绝对正确的，认为自己已经准确地掌握了异民族文化，或者以简单化、想当然的态度对待异民族文化。谨慎以充分的认知、深入的思考为基础，需要准确地认知异民族文化，尊重异民族文化。谨慎不是封闭，而是一种警示，要求我们在跨文化交往中尊重异民族文化。

三、跨文化教育的能力目标

跨文化交往并不仅仅停留在知识与态度层面，行为实践是更为重要的层面，因此，跨文化能力成为跨文化教育更重要的内涵。跨文化能力就是与异民族交往的行为实践能力，尤其是在跨文化交往过程中避免和解决跨文化冲突的能力。本书将从跨文化认知能力、跨文化比较能力、跨文化参照能力、跨文化取舍能力和跨文化传播能力五种能力进行阐述。

（一）跨文化认知能力

人类的大脑具有一种通过接收新奇刺激源，进而形成大脑神经认知的能力。人类在开展跨义化交往过程中，必然产生跨文化的认知，跨文化认知是指通过观察、访问、了解、调查、阅读、研究、分析、交流、对话等跨文化交往形式，形成对异民族文化的理解。

文化是以社会经济为基础的，因此在认知异民族文化时，必须充分地认知异民族文化的社会经济基础，否则就会导致错误的认知。全面准确地认知异民族文化的最佳方法是深入异民族生活之中。但是，人们不可能到所有的异民族地区去生活，在这种情况下，可以邀请曾经在异民族地区长期生活过的人介绍异民族的文化。在人类联系越来越密切、全球化逐步成为现实的今天，人们有了更多的了解、认知异民族文化的渠道，比如通过互联网上的各种线上交流平台（邮箱、微信、抖音、小红书等），可以直接与外国人进行长时间的交谈与讨论，增进双方的了解。

1. 跨文化对话是跨文化认知的有效途径

跨文化对话是不同文化相互理解的前提，而对异民族文化的理解则是跨文化认知的基本前提。跨文化对话是培养跨文化认知能力的有效途径。跨文化对话的研究取得了很多成果，主要包括伦理学领域和文化学领域两大领域。

（1）伦理学领域跨文化对话

从 20 世纪 90 年代初期开始，全球伦理学界开展了声势浩大的研究，后来被称为"普遍伦理"（Universal Ethics，也有人译为"普世伦理"）。在 1993 年的世界宗教会议上，西方伦理学家提出了普遍伦理的基本内涵和最低准则"黄金规则"（Golden Rule），其主要内容是，我们想要别人怎样对待我们，就该怎样对待别人，并给出包括孔子的"己所不欲，勿施于人"在内的 13 种不同阐释，随后又提出一份更为详尽的宣言，列出了一系列准则。

真正对跨文化的伦理学对话形成广泛影响的是德国哲学家尤尔根·哈贝马斯（Jürgen Habermas）的"商谈伦理"思想。哈贝马斯的"商谈伦理"是在交往过程中，彼此通过"商谈"（discourse）对话达成的一种伦理共识。哈贝马斯认为，商谈等交往活动必须坚持普通语用学前提，需要具有"可领会性、真实性、真诚性、正确性"。我国伦理学家对普遍伦理同样开展了深入的研究，万俊人在《寻求普世伦理》一书中提出，跨文化对话是人类相互了解和理解的必需，"（跨）文化对话的基本目的是寻求不同文化的相互理解和文化共识"，（跨）文化对话"首先需要特殊文化传统持有善良的对话愿望和开放的态度""还需要不同话语的相互理解和互译（语意转换），需要展开对话的公共论坛"，而（跨）文化对话的道德基础是"独立、平等、尊重和理解、宽容"，特别是西方文化与非西方文化之间的平等和相互尊重的对话。

（2）文化学领域跨文化对话

20 世纪 90 年代初期，欧洲跨文化研究院与中国文化书院跨文化研究院开始长期合作。中欧合作产生了一系列成果，尤其是对一些本质性的文化概念进行综合的对话式研究，比如对"美丑、善恶"等进行对比研究，同时经常性地组织对话，让人们从不同的文化视点理解和认识彼此的观点与看法。

美国政治学家萨缪尔·亨廷顿（Samuel Phillips Huntington）在《文明的冲突与世界秩序的重建》中倡导文明的对话。他指出："我所期望的是，我唤起人们对文明冲突的危险性的注意，将有助于促进整个世界上'文明的对话'"。他还提出了消解文明冲突的三原则："要避免文明间的大战，各核心国家就应避免干涉其他文明的冲突"。这三项原则一是"避免（干涉）原则，即核心国家避免干涉其他文明的冲突，是在多文明、多极世界中维持和平的首要条件"；二是"共同调解原则，即核心国家相互谈判遏制或制止这些文明国家间或集团间的断层线❶战争";三是"共同性原则,即各文明的人民应寻求和扩大与其他文明共有的价值观、制度和交往"。法国哲学家埃德加·莫兰(Edgar Morin)在其代表作《方法:思想观念》中研究了"文化对话",并将文化对话作为理论框架的重要支柱。显然,跨文化对话已经成为当今人类思想界的一个共识。

尽管跨文化对话已经成为共识,但是当前的跨文化对话并没有取得明显的成效,文化之间的分歧依然存在,文明的冲突愈演愈烈。这主要是因为当前的跨文化对话存在诸多矛盾,没有形成有效的跨文化对话的机制。

哈贝马斯在《交往与社会进化》一书中提出交往的语用学原则:"可领会性、真实性、真诚性、正确性"。不过,哈贝马斯的研究不是基于对话,而是基于交往。语用学研究认为,对话这些言语行为要实现其语用目的,需要遵循礼貌原则(Principle of Politeness)与合作原则(Principle of Cooperation)。礼貌(politely)的基本语义是"in good manners",即"以善的方式";合作(cooperatively)的基本语义是"for a common purpose",即"为了共同的目的"。有效的对话原则是坚持"以善的方式",只有"以善的方式"为原则的跨文化对话才能真正达到对话的目的。我们必须彻底抛弃任何形式的、任何中心的话语霸权,坚持通过平等、尊重、客观、友善的方式展开跨文化对话,进而促进跨文化理解。有效的对话必须坚持"为了共同目的"的原则,必须首先具有共同的对话目的,然后围绕这一目的展开跨文化对话,最终促进跨文化理解。

这两项对话原则是跨文化对话的基本原则,跨文化对话是不同文化之间"以善的方式""为了共同目的"进行的对话。因此,培养学习者跨文化对话的能力,就是要培养他们与异民族文化"以善的方式""为了共同目的"进行对话的能力。

2. 外语运用能力体现跨文化对话的语言能力

外语是跨文化对话中重要的载体,缺乏足够的外语能力是跨文化理解的主要障碍。世界上大多数国家和民族都使用不同的语言,这为理解异民族文化带来了许多困难。因此,向异民族传播本民族文化时,使用异民族的语言比使用本族语言更加有效。很多国家和民族总是不断地对本民族的文化进行翻译,以此广泛传播本民族文化。外语本身也是异民族文化的一部分,是文化的呈现形式。懂得异民族语言能够帮助我们更准确地认知异民族的文化。所以,在跨文化交流中,运用外语的能力是非常重要的跨文化能力。

(二)跨文化比较能力

在认识和了解异民族文化之后,必然会将本民族文化与异民族文化进行比较。通过跨文化比较能帮助我们把握本民族文化与异民族文化的异同,加深对本民族文化和

---

❶ 这是亨廷顿对文化交界线的指称。

异民族文化的理解。跨文化比较是跨文化取舍的前提。在依据文化评价标准比较本民族文化和异民族文化之后，决定是否学习异民族文化，或者学习一部分，舍弃另一部分。拥有比较本民族文化与异民族文化的能力是跨文化实践走向人道交往不可或缺的重要能力。

基于正确的跨文化认知，开展正确的跨文化选择，通过跨文化交往促进本民族文化的发展，同时促进人类文化的发展，这才是跨文化交往的根本目的。

（三）跨文化参照能力

跨文化参照是指在认知异民族文化之后，不是简单地对其进行取舍，而是以其为参照对象反观本民族文化，发现本民族文化应该弘扬或者舍弃的部分。

跨文化参照具有重要意义，特别是在进入全面跨文化接触的当今时代。我们能接触到全人类的文化，但不可能将所有文化都摄取到本民族的文化之中，否则本民族文化就不复存在，而成为全世界文化的大拼盘。全人类的文化是本民族的一面镜子，我们仍然有必要接触一切异民族文化。

在人类历史上，形成更大生存可能的跨文化参照屡见不鲜，特别是进入近代以来，由于跨文化交往的层面更广泛，地域更广阔，关联性更强，不同的人类群体往往面临相同的文化环境和跨文化选择，因而跨文化参照更具意义。在当代，跨文化参照是全人类的共识。

（四）跨文化取舍能力

跨文化取舍是指在认知异民族文化之后，或者选择学习，或者选择舍弃其中的部分或全部。

当今世界，没有一个国家或人类群体能够完全不学习其他国家或人类群体的文化而独立存在，很多国家或人类群体都是通过摄取异民族的某些文化因素，进而发展本民族的文化。

文化是一个人类群体区分于另一个人类群体的根本性标识，文化的差异是由文化的本质所决定的，人类必然存在文化的多样性，不存在全球文化的完全一体化。通过跨文化交往，任何一个民族为实现更加理想的社会文化，必然摄取异民族文化中有利于本民族生存发展的因素，舍弃限制、影响本民族生存发展的因素。跨文化的摄取与舍弃是跨文化交往的必然形态，合理的取舍依赖于开放的心态、准确的理解和比较，尤其是合理的评价判断；错误的跨文化取舍会给一个民族带来巨大的灾难。

对同一文化成分的取舍有时难以在短期看出影响，但经过长期发展，则可能出现完全不同的结果。中国与印度对英语教育的取舍就是一个例证。

印度的英语教育是英国殖民统治的副产品。1833 年，英国殖民统治者为了巩固其在印度的统治，决定在印度推行英语教育制度。1844 年，殖民政府规定，所录用的公务人员不论级别高低，都必须参加英语考试。此后，英语成为印度小学的基本课程。1857 年，英国殖民政府为了推行英语教育，进一步要求各邦按照统一规定设立教育行政部门，并建立所有大学都必须使用英语的教育制度。从此，英语不仅成了印度的官方行政语言，还成了印度的教育语言。在印度独立之时，英语依然是印度的官方行政语言之一，仍然是大学的主要教学语言。英语在教学中的广泛使用为印度造就了大批精通英语的人才。泰戈尔的主要作品都是用英语创作的，其英语具有优雅的英国英语特征。今天的印度大学仍然以英语为教学语言，学生能够直接阅读以英语出版的专业教材，准确地运用英语设计软件，准确地理解来自美国的软件设计要求和程序，准确地运用英语与美国的软件需求商进行商业谈判。然而在中国，绝大多数的软件工程师不能独立与美国软件需求商直接谈判商业合同，不能准确把握英文的软件市场变化。在面对世界经济出现国际分工的今天，掌握国际通用的语言已经成为我国人才教育和培养的重要方向。

印度对英语教育制度的接受造就了数以千万计的精通英语的劳动者，这种合理的取舍为本民族文化的发展提供了强大的动力，从而促进了人类文化的共同发展。

（五）跨文化传播能力

跨文化传播是指本民族文化在与其他文化的交往中主动地展现、介绍自己，从而让其他文化认知本民族文化。

人类历史上的跨文化传播有两种基本形式：血与火、笔与纸。血与火的传播形式为人类带来了很多灾难，因此我们应该彻底放弃；笔与纸的传播则更容易达到目的。比如佛教在中国的传播就是笔与纸的传播，结果是中国文化中融入了很多佛教思想。

在跨文化传播中，有两种展现本民族文化的基本方法，强调与其他文化的差异性，在承认差异性的同时强调共同性。人类的跨文化实践表明，后者的传播效果优于前者。

有效的传播有利于异民族对本民族文化的理解。很多美国人对中国不甚了解，他们只是通过有限的方式了解中国文化，这显然无法做到全面准确，导致一些美国人对中国抱有误解与偏见。为此，中国多次组织"中华文化美国行"的巡回演出与展示，向美国介绍中国文化。目前，中国每年在世界各地举办不同的中国文化展览、演出，使用不同的语言文字出版文化书籍、播放文化节目，这些都是和平的传播方式，已经成为向世界各国传播中国文化的有效途径。培养学生开展有效的跨文化传播能力是跨文化教育的五大能力之一。

跨文化教育的总体目标是促进跨文化实践走向人道的世界性的跨文化交往、促进教育民族性与国际性的统一。具体来说，就是引导学生全面准确地了解异民族文化，养成开放、平等、尊重、宽容、客观、谨慎的跨文化交往态度，培养跨文化交流能力，客观合理地比较本民族文化和异民族文化，适当对异民族文化进行取舍的能力，参照异民族文化促进本民族文化的能力，有效传播本民族文化的能力，以及必要的外语运用能力。

第三节　建筑工程领域跨文化教育实践路径

跨文化教育理论的发展离不开实践的辅助和验证，因此为了保证跨文化教育的顺利进行，必须寻找合适的实践途径、实施领域和具体措施，专门设计一整套的教学课程，创造明朗的实施环境。

一、跨文化教育实施的基本要求

跨文化教育是一种新型教育，首先要满足新的历史时期文化发展和自我实现的需要。学校教育是实现跨文化教育的重要途径，在课程设置和教学过程中，既要根据文化的特性慎重选择合适的内容、教学方法和沟通方式，又要根据学生的背景、行为和学习方式培养其综合素质。学校教育还要以开放、宽容、民主、平等为原则，对学生进行行为规范教育，消除对不同文化学生的偏执、误解、歧视和排斥，从而帮助学生树立跨文化观，与不同民族、宗教、文化和政治背景的人相互了解，和平共处。

跨文化课程需要满足创造课堂氛围，改革教育内容，运用新的教、学工艺，整合跨文化和跨学科等要求。跨文化教育还需要研究跨文化教学的特殊性，教学要符合学生的心理特征，课程要与跨文化环境相适应。

学校应该从小学到大学开设相应的跨文化课程，从而形成跨文化教育的完整实践体系。跨文化课程应充分展现跨文化教育的知识性、价值性和文化性，内容设置至关重要，直接影响学生国际化视野的培养、文化素养的提高以及跨文化能力的具备。从培养跨文化人才和提升国家文化软实力的角度进行跨文化教育，跨文化课程起着重要的作用。

跨文化教育要注重教学方式与内容的紧密关联。课程设置大多来自对学习过程与内容的标准化处理，不仅要满足所有学习者的需求，还要有效反映学习者的生活背景。因此，课程设置以恰当、灵活为前提，既易于接受，又足以适应瞬息万变的跨文化环境。课程设置必须着眼于"跨文化"，根据社会需求调整教育内容，监控学习过程，组织教师培训，进行学校管理。如果想提高跨文化教育课程设置中教学内容的相关性，就要从多元化的视角广泛采纳各方意见和建议，从人类文明中萃取各民族群体的历史和文化，积极开发多文化、多语言课程。这类学习方法对学校和教育环境的改善、弱势群体的文化吸收大有裨益。

课程设置的终极目标是宣扬宽容、尊重的精神，建立跨文化意识，增强跨文化素质，进一步推动跨文化教育的可持续发展，提高受教育者的跨文化能力。发展具有文化意识的教育不仅需要学科专家，而且需要知识渊博、尊重文化差异的教师。跨文化教育鼓励开发适合各类文化群体的教学方式，在必要的时候与非政府组织合作，使所有教育领域在教育媒介和教学方式层面展示多元化格局。

跨文化教育的实施要遵循共同内容与选修内容、显性内容与隐性内容、科学内容与人文内容、教育内容与社会现实、教育内容与个人及社会需求相结合的原则。

跨文化教育的共同内容是最低限度内学生必须掌握的文化知识、观念、本领和价值观，而选修内容基本来自选修课程，方式更为灵活，可以根据学生的兴趣、特征以及国际和文化大环境的需要确定内容。共同内容和选修内容相结合，既有助于克服专断确定统一内容带来的弊病，又顺应了千差万别的环境，满足个人多样化的愿望和社会发展的需要。

在跨文化教育过程中，并不是所有的教育内容都是计划周详、明确设定的，其中肯定有一些不明确或潜在的内容发挥出意想不到的重要作用。教师的一些与所描绘图景相悖的、无意识的非言语行为会泄露其真实想法，同时潜意识地影响学生的接受度，导致即使是确切的教学内容，也不会达到相同的预期效果。跨文化教育目标的有效实施还需要显性内容和隐性内容的有机结合。跨文化教育的原则之一就是知识要素需要涵盖哲学、文化学、语言学、心理学、社会学、人类学、历史学、医学、法学、地理学等学科，跨文化教育发展以培养宽容品质、形成尊重态度为前提，这是科学知识与人文教育的完美结合。教育内容的制定首先要符合教育学和认识论的原理，在此基础上考虑全球化多元文化的背景以及个体、社会在这一背景下的诉求、转变等问题。教育内容的制定要避免课程超载，考虑学生的才能、兴趣和智力程度，调动学习积极性，维持对地区、国家和世界的开放态度，保持对科技新成果、社会经济发展、精神生活的敏感度。这样的教学内容才能反映出全球化进程的渐进性、不同文化之间相互理解的必要性，以及人类文明发展的可持续性。

跨文化教育的实施内容还要保持平衡，关注跨学科。实施内容的平衡性包括认知、情感、技能的平衡，语言和图像在不同教育层次重要性的平衡，理论和实践的平衡，不同学科之间的平衡，不同层次教育内容分布的平衡，校内校外教育的平衡，不同民族文化交流时价值观的平衡等。复杂的全球化背景对跨学科解决问题的需求越来越迫切，现代社会培养的是复合型和跨学科型人才。跨学科成功消除了各学科之间的隔膜，对分析、处理各种疑难问题具有不可替代的功效。跨学科增添了跨文化教育课程设置的灵活性，对引进新内容、减轻校内学习负荷效果明显。跨学科打破了学科界限，既明确剖析问题的复杂性、整体性、联系性以及世界与自然、科学的统一性，又提高了学习者解决实际问题的实践能力。跨学科还可以突出关键性概念，清除重复性内容，简化学习负担，提高学习效率。跨学科是将跨文化教育不同类型内容结合的方式之一，开辟了跨文化教育的发展前景，同时保证了知识结构的完整性。

二、文化互补视角的跨文化教育实施内容

跨文化教育理念的传播需要相应的实践活动的辅助与保障，目的明确、切实可行、有效的实施内容是跨文化教育顺利进行的前提和基础。跨文化教育涉及内容丰富，包括文化传统和文化传承，民族自我意识和精神文化，世界文化和文化的多样性，文化差异与文化冲突，跨文化交往与传播，文化的相互影响、作用、理解、尊重与合作等。跨文化教育的共同目标是注重文化的差异性和多样性，课程以来自不同观点和视野的与文化相关的事件、论题或概念为核心，透过不同的取向教导学生建构知识、创造诠释、看待差异等，使学生了解不同文化的特质和价值观，承认文化的多样性，丰富自己原有的文化，更能面对不同的挑战，解决不同的问题。

（一）学校实施跨文化教育的策略

1. 注重教育与文化发展策略的协调，加强学校对文化的促进

协调正规、非正规的教育内容，强化各种教育机构与文化机构之间的合作，将教育与文化的相互需求纳入资源分配的考虑因素，根据文化发展策略适时调整教育政策。21 世纪是全球化的时代，教育面对一个更加复杂、政治经济竞争激烈、文化多样的环境，学校成为世界各种文化平等对话的有效场所。

2. 引导学生关注当今世界重大问题，有能力甄别和理解所发生的理念冲突和社会现实

种族的不同往往会发生负面、分裂的事件，产生偏见、歧视等问题。不同文化族群的经济实力、价值观念、生活方式不同，受这些问题影响的程度和方式也不一样，由此产生的冲突和社会现实不可避免。学校有责任指导学生如何关心世界大事，形成自己的观点。

3. 既要求学生树立文化自觉的信念，又要求学生学会认可和尊重民族、种族、文化、语言和宗教等的多元化

帮助学生加强对自身文化的认同，理解其他族群和文化选择的本质。学生认同或不认同异文化族群，有选择的权利。但尽管如此，在跨文化行为中，评判一个人的标准往往不是他们个人如何，而是他们所从属的种族或民族族群的态度。教师有义务让

学生了解世界范围内种族和民族最本质的情况，既不妄自菲薄，又不盲目自大，以此消减学生的抵制情绪或不良情绪。

4. 跨文化教育包括塑造学生的价值观、态度和行为等内容

跨文化教育的主要目标涉及对人类尊严的尊重，对文化的最大化选择，理解造成相似和差异的原因，以及将跨文化活动看成人类生活中常态的、有价值的活动。

在全球化时代，文化冲突不可避免。但冲突并不意味着毁灭，而是社会发展的催化剂。使用积极的、现实的方式探索跨文化课程，让学生理解无须具有同样的信仰、行为方式和价值观，不同文化族群之间照样可以开展合作。

跨文化课程还帮助学生理解和尊重其他族群文化的价值观、行为方式和信仰。人们常常倾向于将其他族群文化及其生活方式看成不正常的或者是优于自身的，通过教育，让学生认识到每个族群都有权实践自己的宗教、社会和文化信仰。

5. 学校教育帮助学生获得决策的能力、社会参与的能力

全球化时代，随着我国经济实力的增强，世界各国对我们民族和文化的理解和判断面临挑战。随着我国对外关系的发展，我们对异质文化也有了新的认识。

良好的知识基础必不可少，知识的丰富与否，直接影响到学生对事实、概念和理论的应变能力和预测能力。因此，跨文化课程应帮助学生获得民族和种族文化的事实、观点、解释和理论，并教授灵活运用这些知识的技能。

在学习跨文化知识和技能时，受教育者需要形成鲜明的概念，进而才能将学过的知识联系起来进行价值判断。价值判断包括澄清价值问题（自己的和他人的）、评价行为方式、认清价值冲突并提出价值选择，最终根据价值观可能导致的后果做出价值观选择。

跨文化教育是帮助人们以跨文化方式完成"确定基本理念、发现和甄别事实和做出价值评价"的实践过程，进而逐渐培养决策技能。决策技能在跨文化行为中至关重要，它能够帮助人们客观而敏锐地评价文化冲突，鉴定其在跨文化中交流中行为的可行性，并折射出行为的后果，最终判断是否予以实施。

另外，所有的跨文化行为都是一种社会行为，课程应当帮助学生形成有效的社会行动技能，在学校、社会中积极和活跃地开展跨文化实践。学校是一个微型社会，创造机会让学生参加社会实践，包括与留学生、外籍教师的交流，逐渐锻炼学生的技能，使他们以跨文化视角将知识、价值评判与解决不同文化族群碰撞产生的问题有机结合。决策能力和社会能力是跨文化课程设置时需要考虑的必要因素之一。

6. 学校教育帮助学生获得决策的能力、社会参与的能力

跨文化教育课程可以形式多样，与学科教育密切结合，以确保其实施不流于形式。跨文化教育注重嵌入跨文化理念和知识的课程，多元文化内容常常以隐性课程方式出现，以高层次知识的形式帮助学生从文化多样化的角度看待和分析问题。教育传播文化，

跨文化教育传承多元文化，学校教育为学生提供各种文化和谐相处的实践体验。

学校教育中的重要课程，如社会科学、自然科学等学科领域，需要学生学会辨别其中是否含有文化歧视和文化偏见的内容，这种甄别与批判能力需要通过学生对问题的探讨和对文化的审视获得。学校课程与教学设计可以帮助学生学习跨文化概念，同时帮助学生以多种多样的社会科学视角看待各种文化，提高对各种文化的理解。以全球化视野看待民族文化，促进学生领略不同文化之间相互尊重、和平共处的能力。

比如在数学教育中，有一种特定文化人群使用的数学——民俗数学。它主要指城市或农村的某个团体、某些职业人士、某个年龄段的人们所使用的数学，或者某个民族的某些人群所使用的数学，而这些特定人群使用数学的方式不同于专业数学人士。研究此类数学教育需要指向某一特定文化族群，对其蕴含的数学实践进行探索。研究发现，这类文化人群的数学实践与其社会文化的特点息息相关。首先，他们的计数、测量方式与学校的数学教育完全不同；其次，他们应用于工艺、建筑、设计、艺术领域的数学也不一样。例如，巴布亚新几内亚土著民借用身体各部位计数，而美洲印第安原住民对太大的数字常用描述性的语言"不断进行下去"或者"没有止境"来表示。

在外语教学方面，设计跨文化课程时添加的时事、资料不仅局限于一国的文学、艺术等，还应包括社会生活与心理学。以实际生活问题考查学生运用所掌握的跨文化知识和能力，并从现实生活中寻找实用性资料，帮助学生学习鲜活的语言，例如将国内外时事、流行音乐、电影等纳入教学活动中。

这种学科教育中的跨文化理念表明，不同民族间存在着文化差异，某些民族学科教育在发展中有着自身的特点，一方面要学会如何在学校课程与教学中有效运用；另一方面要将学习环境与文化背景对接，提高学生学习的兴趣以及对不同民族特色的理解。在课程实施中，多元文化价值可以让学生体验到学科发展历程的文化要素，感受到学科教学传递跨文化理念的能量和作用。

（二）跨文化课程设置内容

1. 重点课程之一，帮助学生提高对外交流能力的语言工具学习

不管哪个族群，不管出于何种目的，任何一种语言和方言都可以是有效的交流工具。鉴于语言是文化最重要的载体之一，各国的教育政策都会慎重选择教学语言，以求既保护民族的文化特征、保存和发展民族语言文化，又促进学生在国际事务中进行无障碍的跨文化交往。

目前英语是全球通用语言，我国绝大多数学校都将英语作为第二语言进行学习，掌握英语能帮助学生更好地进行跨文化交际。学习语言是灵活的，不只是单纯的语言课程，而应一举多得，例如双语课程、国学英语课等。由于这些原则倡导多学科的方

法，当学生接触语言艺术和社会研究的其他领域时，同样可以获得对第二语言的进一步了解。

2. 课程设置应当包括对历史经验、社会现实的学习

历史教育是跨文化教育课程中必不可少的一部分，有助于学生正确了解和欣赏包括自身文化在内的世界各种文化。历史教学需注意不能歪曲历史事实，一切以研究结果为依据，历史事件有利于人们更好地认知世界文化。

3. 跨文化教育的实践课程注重不断为学生提供机会，使之形成更好的自我认识

跨文化教育设置的课程应以帮助学生理解和懂得异民族、种族的文化和语言特征为目标，帮助学生形成正确的自我认知和自我认同，更好地理解自我。只有充分了解文化族群的行为方式、认知方式和交流特征，才能学会在不同的社会环境中的生存之道。

4. 课程应当重视包括民族和族群生存状态在内的文化和跨文化内容，同时拓展和澄清学生对不同文化的认知和理解

跨文化的课程设置应当是综合的、可持续的和相互关联的，保证学生从中获得最大的益处。课程的内容可以丰富多彩，包括全球化时代的文化发展、文化历史、文化的深层结构、文化价值观、身份认同、言语和非言语行为、跨文化交流与传播对国家发展的贡献、日常生活中跨文化交流技巧以及特定社会环境（商业、教育、医疗领域）的跨文化交流等。

跨文化教育课程的编制设计内容较多，范围较广，需要包括文化、教育、人类学、社会学、心理学以及其他领域专家的通力合作。根据跨文化教育课程内容的设置和要求，日常教学中除传授基本知识以外，还要有对其他种族、文化观点的引入。基本技巧和能力培养将有助于跨文化教育取得最佳效果。

另外，教师的个人素养、教学方式和态度尤为重要。鉴于学生能够从他人的非言语反应中感受信息，教师在讲课时，若对特定族群或某些特征不自觉地显露出偏见，学生便会立刻感觉到。因此，营造认可和尊重文化差异的课堂气氛十分必要。

5. 采用多学科和跨学科的途径设计和实施跨文化课程

使用单一学科或单一视角分析复杂的跨文化问题不可能全面，任何一个学科的知识都不足以帮助个体对涉及种族、性别、贫富、强势文化、弱势族群等复杂的跨文化问题做出正确的判断。比如，文化冲突并不只是族群差异层面的，还包括政治的、经济的、艺术的、社会学的冲突。跨文化课程必须从科学、政治、艺术、社会学等多重维度分析解决问题。此外，不同领域的跨文化交流活动还涉及专业知识等，因此，需要从历史的、文学的、艺术的、社会科学的和哲学的层面与角度设计和实施跨文化课程。学校可以设计一些跨学科合作项目，比如文艺演出、文化展览等，还可以通过艺术教育、电影欣赏等直观的方式加强教学效果。

全球化时代，国家的发展非闭关锁国可以实现，而归因于对外开放和平等交流，以及每个个体的共同努力。所有文化族群都在科学、工业、政治、经济、文学和艺术等领域作出了不朽的贡献。多学科的分析方法可以让学生明白这些道理，在理解、尊重、平等的基础上开展跨文化行为。

6. 课程应将全球化时代概括和描述为一个多维度的社会

全球化时代，各种文化流派异彩纷呈，百花齐放，给人们带来更多的机会，也带来更多的碰撞。从历史发展的视角来看，社会乃至全人类的发展都与开放的状态密切相关。在这个新时代，更要学会多方位、多视角地看待当今社会。

多维度的社会带来更加复杂、更加困惑的局面，以不变应万变将是解决措施之一。因此，跨文化教育的目标之一就是帮助学生思考和设立文化立场。跨文化教育同时关注本国文化在全球化时代背景中的总体发展，这些文化成就了今日之中国，并与人们的生活密切相关。发扬文化优势，彰显大国风范，促进国家繁荣，需要我们用多维度的视角看待当今社会。

（三）跨文化技能培训内容

1. 跨文化教育实践重视帮助学生获得进行有效的个体间、民族间和族群间文化互动所必需的技能

分属不同文化族群的个体之间进行有效互动比较困难。在跨文化交往中，个体往往会不自觉地秉持已有观念决定自己的行为，同时又针对他人的行为表现出带有自己族群特征的态度、价值观和期望。如果对其他族群的认识是不全面的，甚至歪曲的，或者个体只拘泥于对其他族群浅尝辄止的观察、杂乱和肤浅的联系、不恰当或不正确的媒体处理、不完整的事实信息，这种个体间的跨文化交流就是失败的，甚至受到种族主义的阻碍。

跨文化课程就是要帮助学生认清个体间交流的促进因素以及这些因素对个体行为的影响，包括甄别对其他族群文化的陈旧观念、审视媒体处理、辨明其他族群文化的态度和价值观点、获得跨文化交流的能力、认清态度和价值观在言语行为和非言语行为层面的反映、学会从他人的角度看待个体间的交流。

跨文化教育的目标之一是帮助个体简便有效地进行跨文化交流，探索跨文化交流的规律，对自己的行为模式做出相应的调整，对个体乃至整个族群文化的差异持更加开明的态度，并提高在全球化时代的接受能力。

2. 培养学生选定文化视角和观点、看待和解释事件、应对情境和冲突的能力

跨文化课程的学习不应是一个排他的过程，不同文化族群在天赋和价值上没有优劣之分，每一个个体、每一个民族和种族都是有价值和尊严的。不同文化族群背景的人虽然受到不同社会环境的影响，用不同的方式满足自身的要求，但仍然值得尊重和理解。

　　在学习过程中，教师切忌用公式化和判断性的方法，而是用描述性和分析性的方式教授学生。目前，我国学生对外来文化尤其欧美文化接触得越来越多，欧美文化与中国文化的差异对充满好奇心的年轻人来说极具吸引力。由于学校、家庭、社会在这方面的指导并不太充分，学生看待事件、情境和历史的视角容易出现问题，甚至导致悲剧。

　　2015 年 8 月发生的中国留学生在美暴力群殴同伴的事件引起全社会关注。美检方最终判决两名主犯终身监禁。这不是简单的青少年之间的欺凌现象和暴力犯罪事件，一些中国留学生对美国国情、法律的无知凸显我国对跨文化教育的缺失。越来越多的年轻人有机会到国外读书，但是无论从家庭角度，还是从学校角度，并没有做好全面的准备。在面对跨文化问题时，有的父母甚至是无知的。这个案件中，一名学生家长试图"花钱摆平"，以涉嫌贿赂证人罪被抓。从文化视角来看，在全球化时代，各领域跨文化交流的机会增多，可是面对扑面而来、缤纷复杂的各种文化冲突和碰撞，跨文化教育显然远远没有跟上。这就使得一些国人在应对这样或那样的问题时手忙脚乱，无所适从，甚至身陷囹圄。因此，跨文化课程不但培养学生在面对文化冲突时有判断和决策的能力，而且帮助学生在分析社会情境时理解和体会诸如权力、政治、民族和文化等问题，从而对事件和情境形成相对完整的领悟和诠释。

（四）跨文化教育活动与辅助实施内容

　　1. 学校为学生提供对各种文化族群产生审美体验的机会

　　跨文化教育不能仅局限于课本知识的传授，亲身经历更能促进青少年跨文化的体验。重视鉴赏文化遗产便是措施之一。学校应组织一些涉及跨文化内容的活动，比如参观文化机构、博物馆、文化遗址和古迹、展览等；与教学相关的背景资料包括诗歌、小说、民俗、传说等各种读物也可以激起学生更大的兴趣；欣赏不同文化族群的音乐、美术、建筑和舞蹈，音乐和美术的表达方式往往展示本族的特征，彰显族群经验的影响，帮助学生增加对异质文化的了解。因此，艺术和人文是进行跨文化教育的有效工具。跨文化活动可以促进学生有意识地对超越物质的文化精神层面进行思考，了解各民族都有确立其自身特征的文化基础，由此理解文化差异产生的根源，以及它们对人类文明发展各自不同的贡献，继而探索研讨人类文化遗产与当今价值观的关系问题。

　　除此之外，还可以为学生创造跨文化交流的机会，在与外籍学生、外籍教师的交往过程中，逐渐了解跨文化教育的真谛。教师邀请不同文化背景的人士到课堂上与学生分享经验和看法，讲述他们的传统，阐述社会和历史的新观点，为学生开启探索的大门。

　　2. 重视传媒的教育作用

　　有效的跨文化教育实践必须冲破课堂的界限，社会、家庭、学校都应该成为知识的有效传播者。文化功能是传媒的一个重要功能，对个人和社会都有教化作用，对文化政策的宣传、跨文化的态度起到引导作用，是提高教育质量的有效辅助手段。学校与传媒教育的关系是密不可分、相辅相成的。学校要重视传媒的功效，传媒也要重视制定正确指引学生和公众的丰富的教育和文化计划。

3. 学校应当对跨文化所涉及的目标、方法和教学资料进行持续的、系统的评价

教师对学生的评价手段必须与跨文化课程和教学实践的实施密切结合，双管齐下。学校应当为跨文化教育制定所要达到的目标。为评估这些目标实现的程度，可以从教师的跨文化素质、课程设置和计划、学校管理等方面评估跨文化教育的成果。

评估只是一种手段，是促进学生、教师乃至学校获得跨文化联系、体验和理解的一种手段。评价的目的是分析和提高，是促进跨文化教育，帮助国家培养通识人才、国际型人才的有效评判手段。

4. 学校应当制定系统的、综合的和可持续性的教师培训发展计划

教师是学生的常规学习环境中非常重要的因素，在文化传播方面起着不可替代的重要作用。跨文化教育能够顺利实现，教师是具体实施者之一。

在复杂的全球化时代，如果教师缺乏必要的和特定的知识、技能、态度、感受和底蕴，即使拥有完整的资料和其他教学材料，也不能保证跨文化教育的顺利进行。教师通常带着自己的文化观点、价值观、希望和梦想来到课堂，不能排除其中存在着偏见、陈规和误解。教师对价值的看法和观点与他讲授的课程相互作用，直接影响着学生交流、感受信息的方式。因此，教师对其个人和文化的价值观念的把握非常重要。

行之有效的教师培训计划包括以下几个方面：注重对教师文化知识的培训，了解世界文化的多样性；探索并澄清自身的文化角色，分析对自己和其他文化族群的感受、态度和理解，并形成对其他文化族群更为积极、客观的态度；教师需要明确自己的哲学立场；尽可能掌握有关其他文化族群的历史脉络和社会特征的知识，并加强理解；提高教学能力，包括教学技巧、课程发展和设计能力、挑选和修订教学资料的能力等；有效处理、客观评价其他文化族群，正确对待异质文化的学生；提高自身跨文化交流能力，掌握跨文化教育的教学技能。另外，教师培训计划还包括多种形式，如相关讲座、短期研讨会、精选课程、其他短期体验和系列课程等。

5. 跨文化教育教学的技术支持

跨文化教育教学的技术支持包括有效组织教学任务的技术手段和辅助的科技手段两种。

全球化时代下多样文化的同时呈现，要求个体具备同情心、对不同宗教信仰宽容，还要求民族和国家都具有宽容性。多样化的创新教学技术能够激发学生对认知活动的需求，跨文化教育教学的技术支持可以理解为以教师为中介采取教育教学行动，创建

教育机构的多元文化空间，为学生提供在跨文化对话的基础上进行跨文化教育的环境。鉴于学生不具备独立解决与跨文化适应、跨文化沟通相联系的跨文化教育任务的能力，教学过程离不开教育教学的支持和帮助。跨文化教育教学的技术支持包括确定跨文化教育系统中宽容、尊重、开放的态度，把外语教学（或双语教学）、多元文化因素、教育教学相互作用的整合形式引入跨文化教育过程中。

跨文化教育技术运用于语言文化的交流式教学技术，与不同文化相适应的个性取向教育技术，自我发展式的学习，基于教学材料的强化教学技术，根据学生的兴趣、特点区别教学的教育技术等。跨文化教育过程中的教育技术支持包括对学生个性的教育支持和对学生家庭的教育支持。跨文化教育技术能够激发学生的创造力，根据兴趣安排学生吸收自身民族文化的方式，设计信任、舒适的跨文化氛围等，同时，帮助家长提高跨文化意识，培养自身的跨文化能力，在遇到跨文化环境时形成有意识引导孩子的习惯等。

跨文化教育采用教学支持的各种技术，建构互教互学的情景，为学生提供跨文化教育内容和技术方面的价值观、对话和适应原则，另外还制定双语制计划，建立跨文化环境生存状况跟踪调查系统等。运用在跨文化教育过程中的技术支持包括电影、广播、电视、网络和其他视听辅助手段，以及制作创新经验的视频、音频资料，直观教学资料等，丰富了跨文化教育的教学。这些技术支持的素材在介绍不同民族、种族文化的同时，引导受教育者如何面对异质文化，如何接受不同的生活方式等。

三、跨文化教育的实施方式

跨文化教育是一种教育理念，贯穿于教育实践和课程计划。跨文化教育的实施方式受到现代社会自然、经济和文化的影响，同时也受到传统的制约。跨文化教育实施方式既遵从教学大纲的指导，又包括一些隐性的内容，传递方式多种多样。跨文化教育包括学校教育、家庭教育、社会教育以及跨国教育，其实施者涵盖面较广，包括学校、家庭、文化机构、文化团体以及媒体等。跨文化教育的实施方式分为两种类型，将在下文论述。

（一）正规跨文化教育实施方式：培养态度与文化立场的课程

正规跨文化教育内容主要是指由学校确定的（包括收集国际跨文化教育组织的相关文献并将之应用于学校教育和课程），要求学生必须掌握的内容，通过成绩获得系统评价。这些内容成体系、有层次，具备规范化、密集型和合理安排等特点。对正规跨文化教育内容的学习要按部就班、循序渐进，阶段结束后采用不同的测评方式。

全球化时代，更注重对跨文化实践的广泛理解，合理的跨文化课程设计将有助于学生学会整合自己的学科知识，通过对跨文化教育实践的分析、研究和总结，找出一条切实可行的途径。

教学实践是跨文化课程具体实施的关键。教学实践来自教师的教学活动，包括教学设计、教学媒体、教学策略、教学组织、教学开展、教学评价和教学反思等环节。在跨文化教育中，教师设计出符合学生实际情况的学习计划，鼓励学生发表意见，建立信任机制，对问题公开讨论和反思，形成自己健康、理性的跨文化观点。在跨文化教学过程中，教师要充分考虑学生的兴趣爱好和各自的文化特征，了解学生的家庭文化教养方式，采取适当的教学方法，在尊重学生学习和认知风格的基础上帮助学生学习复杂的知识，进而发展自己独特的认知策略。

跨文化教育的正规实施方式还包括对教师进行跨文化教育培训。将与国外对等的跨文化交流纳入学校教育，给学生、教师、学校领导和研究人员创造跨文化的模拟环境。学校要加强外语教育，以减少理解不同文化的障碍，双语或多语的学习可以开阔学生的眼界，敞开面对异质文化的心胸，进而了解文化差异，促进各种文化之间的交流。在学校的跨文化教育空间实行整合教育，例如，设计人文学科的交叉文化课程等，根据学生兴趣开设选修课，在编写可供选择的大纲和教材的基础上开设实践课。

在跨文化教育过程中，重要的是考虑学生的年龄与个性，儿童与同龄人、儿童与成年人跨文化交往的区别，学校、教师和社会机构在培养学生跨文化能力方面的功能，学生在跨文化教育中的兴趣激发、自我控制和实现的自觉性等。这些因素都需要采取合适的教育手段和方法，例如，民主对话、说服与解释、设计问题环境和解决问题、角色游戏、分析行为样式和做出决定、正面榜样和激励等。课程教学中还要注意培养学生有效提问的技能，以便更好地理解教学内容，抓住重点。分组合作的技能有利于学生学会承载责任与合作，课堂讨论和经验分享有助于学生学会选择性地吸收以及自如地与他人交流。

（二）非正规跨文化教育实施方式：培养跨文化能力的活动

非正规跨文化教育实施方式表现为由各种个体、团体或机构组织的各种具有选择性和非强制性的活动，组织单位包括学校、青年组织、家长、文化机构、学生自己等。

这些跨文化活动的场所可以是校内，也可以是校外。活动形式包括学科性或跨学科性小组、各种竞赛、辩论、纪念仪式、节庆活动、参观、少年宫活动等。非正规教育内容更加灵活多变，是正规活动的补充，在跨文化能力的辨识、培养方面以及发展对具体跨文化问题的处理方面，有着重要的作用。

非正规跨文化教育实施方式要尽可能地激发学生的主动性和创造性，充分发挥才智，以此为原则开展与发掘形式多样的活动。可以参与国际性活动，鼓励各种形式的国际交流；加强与社会文化团体的联系，以合作或邀请的方式开展文化演出；举办系列讲座、座谈会、辩论会、自由讨论、跨文化教育知识讲演;学习个人和团体的研究与报道;拟定或参加音乐会、各种与跨文化相关的集会;开展阅读、墙报和展览活动;与国外学校交换留学生或举办学术交流;出国旅行、参加国际夏令营和青年活动;模拟联合国会议和进行社区研究等。所有这些辅助课程和跨文化活动范围广博、种类丰富,为学生创造了更多的锻炼机会,提高了他们的跨文化能力。

移民国家可以借助多民族、多文化的天然条件进行跨文化教育,非移民国家可以人为地创设跨文化教育空间,引导学生学习和讨论。学校应重视组织相关文化教育活动和社会活动,组织与其他国家同龄人的交流活动,组织学生参观展览会和博物馆,参加具有教学和教育性质的活动等。

跨文化教育是一种促进不同文化相互作用的教育,面对不同国家的种族文化,首先要全面了解自己的文化和行为,从而在与异文化交流时,既保持个人及国家的尊严,又不歧视他族文化。

另外一种非正规跨文化教育实施方式主要来自大众传媒、文化发展政策与社会问题等,从这些渠道获得的信息容量大、种类繁多,对不同的学生呈现不同的形态。在此基础上,可以组织对报刊文章、电影电视纪录片、网络资料进行评论,以增强学习者面对跨文化问题的实际应对能力。此外,翻译作品也以一种特殊的形式传播了异质文化的思想、价值观、风俗、传统等。

学校教育是跨文化教育的重点,也是跨文化教育的重要形式,对个人文化素质和跨文化能力的培养更加正规和系统。跨文化课程又是学校教育的重要形式,因此对它的开发就是重中之重。但是社会实践与传播媒介也不容忽视,三者之间的相互配合保证了跨文化教育更加顺利地实施。跨文化教育的实施方式要平等、开放,培养学生对文化差异的态度、积极参与社会生活的心态和能力。

在跨文化教育过程中,还要注意来自不同文化团体的受教育者享有公平的教育形式和均等的教育机会。作为新的教育思潮,跨文化教育的实施需要在发展的过程中不断摸索、不断修正,才能真正形成成熟的理论。

第五章
建筑工程领域来华留学生跨文化教育

我国的来华留学教育事业自改革开放以后才真正迈入国际化。学者刘宝存曾对改革开放 40 年教育的对外开放做过专题研究，根据国家政策的实行和变迁，将其分为四个阶段：1978—1986 年的恢复探索阶段，1986—1991 年的初创发展阶段，1992—2012 年的调整规范阶段和 2012 年至今的提升完善阶段。

在萌芽阶段的 22 年间，为了国家经济建设的快速发展，都是以国家公派出国留学为主，发展来华留学教育主要是国际认同和对外政策的需要。随着出国留学和来华留学的人数出现较大的逆差，高等教育的发展亟需与国际接轨，因此政府大力发展来华留学教育，积极招收国际留学生。改革开放以后，来华留学教育的办学主体从政府转向高校，高校拥有了更大的办学自主权，实现了管理的灵活性。直到 2013 年 7 月份，国家提出"一带一路"倡议，教育部出台《推进共建"一带一路"教育行动》和各种指导性文件，设立专项奖学金项目，促使来华留学教育实现高质量发展。

第一节 "一带一路"来华留学生的跨文化适应及文化冲突

来华留学生尝试适应新的环境，以"他者的眼光"看待中国社会的生活方式和群体价值观，从个体的角度审视和观察这个异文化。来华留学生在跨文化交往中出现的不适应大致分为五类：对自然环境的不适应、对物质环境的不适应、对社会环境和文化习俗的不适应、对人际关系和社会地位的不适应、对学术环境的不适应。

来华留学生从踏足中国土地那一刻起，就开始了"文化冲击"的经历，首先是陌生的环境，刚下飞机找不着路，找不到双语的指示牌，买车票无法听懂要付多少钱，水土不服造成的身体不适，等等；其次是中国的社会环境和深层文化，他们对中国人的待人处事方式会产生各种困惑和不解，从而在跨文化交际中引起误解。

由于文化群体之间存在差异性，不同文化背景下的人们各自按照自己文化中约定成俗的思维处理问题。不同形态的文化或者文化要素之间相互对立、相互排斥，产生文化冲突，进而导致文化困惑。

跨文化交往带来的不仅是新奇和有趣，随之而来的还有压力体验，这个过程充满未知的挑战。语言和文化的差异进一步加剧了留学生的适应困难。留学生之间的文化冲突表现在集体生活中产生的摩擦，多为心理、情感、思想层面的。当互相沟通的尝试面临中断或者失败时，就容易引起非理性的反应。

第二节　完善来华留学跨文化教育体制

"一带一路"倡议着重推动教育的发展，并在发展来华留学教育上予以政策倾斜，对不同的生源地有不同的招生策略，鼓励留学生来华学习。我国政府出台国家层面的来华留学教育质量标准和专业教育质量标准，建立完善的激励、认证、评估、督查等质量保障机制，国际化办学的决心非常坚定，规模和质量并重，通过优化生源结构、提高生源层次、发挥区域优势，推动来华留学事业的发展。

一、来华留学生跨文化教育的具体目标

留学生的跨文化教育要得到长足发展，具体清晰的教育目标必不可少。我国虽已确定了"培育来华留学生跨文化能力与全球胜任力"的大目标，但仍需将其具体化，使之更有操作性与可行性。来华留学生跨文化教育目标由知识目标、能力目标、态度和价值目标三个具体部分构成。

1. 知识目标

主要内容包括对自身文化和历史背景的了解与领会，对留学国家乃至具体地区历史文化的了解与领会，对世界主要文化类型、文化群体的基本特征和差异的了解与领会，对跨文化适应和跨文化交际理论核心概念和内容的了解与领会。

2. 能力目标

主要内容包括培养和形成反思不同文化的批判性思维视角与思维方式；培养和形成在跨文化理解中至关重要的共情能力，突破狭隘片面的文化刻板印象与固定观念；培养和形成在异文化环境中的跨文化适应、调节能力；培养和形成在留学国家乃至全球文化语境中进行灵活、积极、有效跨文化交际的能力。

3. 态度和价值目标

主要内容包括对世界文化多元共存的客观现实持理解与尊重的态度；对留学国家的文化、社会、历史持友好与尊重的态度，与之进行建设性对话，调解矛盾冲突；能够从既有别于自身原有文化又有别于目的文化的"第三文化"价值立场实现文化创新，成为国际公民。

二、来华留学生跨文化教育的实施策略

无论是理论研究还是具体实践，学校都是实施跨文化教育的主体，对多元文化发

展贡献巨大。同时，社区教育等非学校教育对跨文化教育也具有不可忽视的作用。以下主要从学校教育层面探究如何更有效地实施留学生跨文化教育，同时分析了如何更有效地将学校教育与社区乃至社会相合。

1. 在总体愿景与宏观设计中体现跨文化教育理念与意识

目前，许多高校尚不具备充分的跨文化意识，跨文化教育活动零散而不系统。跨文化教育并非一门课程、一个项目或一个学科领域，而应当是一个整体目标和愿景。学校应将跨文化教育总体规划落实到留学生教育的全部环节，包括课堂教学、校园活动、生活管理、社会实践、校外拓展等，同时还要在课程宏观设计中体现跨文化教育的意识与理念，使之成为根植于课程，又超越课程的思想与行为方式。只有在宏观上形成对跨文化教育总体愿景的共识，才能进一步将愿景分解到各具体层面；只有将跨文化教育的目标和举措细分并贯穿到留学生培养的全过程，跨文化教育才可能真正做到有的放矢、行之有效。

2. 着力开发跨文化教育课程与项目

学校教育中的跨文化能力培养可以沿着两条路径同步实施：一是围绕学校现有各学科教育展开；二是开发专门的跨文化教育课程。学校要在留学生现有专业课程中融入跨文化能力培养目标与内容。对异文化环境中的留学生来说，跨文化能力既是综合能力的一部分，又是在我国语境中完成学习必备的关键能力之一。但现阶段这种跨文化教育意识尚未受到足够重视，尤其是非语言类专业的留学生教育，浸润整个专业课程体系的跨文化教育意识则更为匮乏。在整个学科教育中融入跨文化能力培养，教育者除了确立跨文化能力培养目标之外，更关键的是在组织课程内容、设计教学方法以及考核和评价教学时具备跨文化视角和跨文化思辨意识，而不仅仅是在课程体系中简单地添加一些跨文化知识，只有这样才能在培养专业能力的同时，提升跨文化能力。

学校应当高度重视开发专门的留学生跨文化教育课程。从留学生文化教育现状来看，大部分高校仍将重点放在知识性内容上，而专门的跨文化教育课程开发远远落在后面。专门的跨文化教育课程比普通文化类课程更直接聚焦于跨文化意识与能力的培养，应当得到大力发展。特别是对非语言类专业的留学生来说，他们可获得的专门的跨文化教育相比语言类专业学生要少得多，应当成为重点关注对象。在专门跨文化教育课程的开发上，部分国家已有一些较成熟的模式可供借鉴。如德国柏林工业大学为留学生提供的"跨文化能力和国际合作"课程就是一个很好的范例。

学校还可以开发针对留学生的专门跨文化培训项目。来华留学生需要现实针对性培训项目的，有效引导，因此在校园环境中要提供种种细节性支持，包括如何与教师以及留学生事务机构进行有效沟通，遇到学习和生活方面的问题或是紧急情况如何有效寻求帮助，如何适应校园环境和教学制度，如何更有效地表达诉求，如何处理跨文化矛盾与冲突等。

3. 采取多元化的跨文化教育教学方法

跨文化教育本身具有跨学科、多元化的特点，其教学策略与方法自然也应当综合汲取多种教学方式和手段的长处。

首先，跨文化教育的本质是一种基于现实需求的教育，与现实文化经验紧密相连，因而应采取强调学习者的参与感与情境感的教学方法。教育者应尽量用各种教学手段营造真实、有意义的情境，而且让留学生充分参与教育过程。戏剧表演、角色扮演、文化专题制作、案例分析等跨文化培训中常见的手段都应加以适当运用，让留学生充分浸润在真实的跨文化情境中，更有效地积累跨文化经验并提升技能。

其次，跨文化教育不仅是常规课程的附加部分，更要整体考虑学习环境以及教育过程的各个环节，因此应当采取强调实践的活动式教学法。这类活动的类型非常多，可以是室内讲座、工作坊，也可以是与跨文化教育主题紧密相关的户外文化活动，如学习旅行、主题参观或其他一些当地社区的活动等。

最后，由于跨文化实践极具动态交互性，跨文化教育可以采取强调合作的项目学习法。很多留学生面临的共同问题之一就是有被动隔离感，他们缺乏与校园其他群体互动的机会。留学生对学校来说是非常宝贵的跨文化资源，如果学校能提供一些跨文化合作项目，将中国学生与来华留学生共同纳入其中，通过恰当的方式让不同文化产生对话与互动，对学生双方来说都是非常有益的跨文化实践体验。除了校内资源，学校还可以充分利用校外合作资源，让不同文化背景的学生、教师通过组织良好且有效的跨文化项目进行交流互动，可以是共同完成某个合作任务，也可以是就某个共同关心的主题进行对话。在跨文化互动中，留学生面临真实的跨文化问题，协商并解决真实的跨文化矛盾，积累了真实的跨文化经验，这对于培养其跨文化能力帮助极大。

4. 开展更具针对性的教师培训

在留学生跨文化教育中，教师的关键作用是毋庸置疑的。只有具备充分的跨文化意识、思维开放、视野宽阔的教师才可能真正有效地开展跨文化教育。因此，开展针对性的教师培训是提升我国留学生跨文化教育水平的重要条件。

首先，在我国师范教育中应更广泛地开展跨文化教育培训，例如，在跨文化教育比较成熟的德国，许多师范学院和教育学院都开设有跨文化教育课程，并且在招聘教师时也要求增加具有跨文化背景教师的数量。目前我国仅有外语、语言教学、涉外商务等专业涉及跨文化教育相关课程。在我国师范教育中广泛推行跨文化教育已经是迫切的现实需要，从培养教师这个源头开始普及跨文化教育将带来事半功倍的效果。

其次，应对在职教师进行更具针对性的跨文化教育培训。相对来说，从事语言教学（如汉语国际教育等）的教师往往直接涉及跨文化教育，与异文化群体接触的机会相对更多，一般具备更强的跨文化敏感性。但整体上，他们的跨文化意识常常来自感性经验的积累，跨文化知识较为零散，缺乏理论框架，在面对一些跨文化矛盾冲突时采取的解决办法往往有局限性，甚至刻意回避文化冲突。因此，对从事语言教学的教师来说，有必要在其职业发展培训中加入理论化、系统化的跨文化教育内容，这样才能将语言教学与跨文化教育更加有机地融合在一起，从而真正达成跨文化教育目标。

对其他专业教师来说，采用专门、集中的跨文化培训则更具现实针对性。例如，可以培养一批跨文化教育讲师，组建跨文化培训讲师团，针对本校跨文化教育的实际以及存在的困难与问题，由他们对其他专业教师进行有的放矢的跨文化教育培训。这种方式的跨文化培训能帮助教育者更高效地解决与留学生进行跨文化互动时所遇到的困难与问题。只有普遍确立了跨文化教育意识，不再狭隘地面对留学生群体，他们才有可能在相互尊重和信任的氛围中有效地开展跨文化教育。

5. 增强校园的跨文化支持氛围，开展留学生与社区的跨文化互动

跨文化教育涉及学校的整体环境和氛围，学校要从正式课程和非正式课程等多个方面共同构建与跨文化教育相吻合的校园文化，确立平等、宽容的多元文化观念。留学生的课外活动、管理服务等都是学校整体环境的重要组成部分。来华留学生的发展新形势迫切要求大学管理者提升跨文化意识和敏感性，从而在校园中形成更好的跨文化支持氛围。对高校管理者进行针对性的跨文化教育培训也是当务之急。与国际化事务有关的部门应当破除壁垒、密切联系，加强实时沟通交流，共同面对留学生跨文化教育的新挑战。在提升跨文化意识的同时，部门之间还可以定期分享工作进展，讨论对策，确保学校留学生教育的各个方面都积极向前推进。

尽管学校是开展留学生跨文化教育的主体，但留学生与社区乃至社会的跨文化互动是高校跨文化教育的重要补充。学校可以邀请不同文化背景的社区成员与留学生进行跨文化互动；同时留学生群体也是非常宝贵的跨文化资源，他们可以在学校或当地机构的安排下走进社区，进行真实的跨文化实践。学校与社区互动的跨文化教育方式也是对联合国教科文组织跨文化教育有关倡议的积极响应，即跨文化教育不应局限于学校，还应在全社会范围展开。

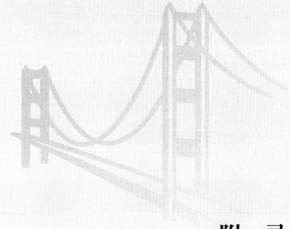

附　录

一、跨文化交际课程教学大纲

【课程名称】跨文化交际

【总学时】32 学时

（一）教学目标

同英语国家的人们用英语进行有效的交流是学习英语的重要目的之一。然而，有效的交流不仅是一个语言技巧问题，还涉及许多文化因素。通过本课程的教学，希望达成以下四个目标：

1. 了解与跨文化交际相关的理论，对文化、交际、语言、跨文化交际等相关概念有较为系统的理解。

2. 认识英语国家较为典型的主流文化现象，对目的语文化产生兴趣，进而主动观察、分析、对比、评价文化及文化差异现象。

3. 能够较为客观、系统、全面地认识英语国家的文化，有效拓宽国际视野，提高跨文化交际意识，培养跨文化交际能力。

4. 能够探讨深层文化和研究中西方文化之间存在的差异，提高综合文化素养，在未来的学习、工作和社会交往中用英语有效地进行交际，以适应我国社会发展和国际交流的需要。

（二）课程描述

通过本课程的学习，学生能够认识语言、文化和交际三者之间的关系，适应各类交际形式，对他国文化有更进一步的了解，从而更有效地进行交流，预料和避免由于不同的文化期望而产生的误解，解释手势和其他形式的体态语，讨论有关文化适应和相容的问题，最终培养并提高学生的跨文化交际能力。

（三）课程性质及教学对象

《跨文化交际》教程是为全校学生开设的选修课程。本课程旨在提高学生的跨文化交际能力，拓宽学生的国际视野，帮助学生解决在跨文化交际中因文化差异产生的种种问题。

（四）教材选用

1. 参考教材：清华大学出版社出版的《大学英语跨文化交际教程》
2. 教师根据教材内容发放活页材料

（五）教学内容

本教程 10 单元，具体安排如下：

Chapter Ⅰ Culture

1. 教学要点

文化无处不在，包罗万象，它潜移默化地支配着人们的行为表现，并深刻地影响着人们的处世态度。本章主要阐述文化的概念，介绍关于文化的各种隐喻，这些隐喻可以帮助学习者理解文化的内涵。本章还对文化的功能、定义和特点等基本概念进行阐述。人类学家、社会学家、心理学家、跨文化交际学家从不同的学科领域对文化的定义进行具体的描述，这些定义既有交叉点，又有差异处。文化具有可习得性、动态性、普遍性、整体性和适应性等特点。人们从各个途径习得文化，文化渐渐演变成个人生命的一部分，在个人不断与社会互动的过程中，文化体现了自身的灵活性和动态性。

人们往往有意识地把自己归为某一人类群体的成员并形成文化身份，本章对文化与身份的关系，以及文化身份的定义、形成过程及其特点给予着重描述，还对亚文化与共文化进行了比较分析，学者们对"共文化"这一术语更加认同，因其摒弃了亚文化所带有的歧视内涵。

2. 教学时数：2 学时
3. 教学内容：

Text A: The Nature of Culture

Text B: Definitions of Culture

Text C: Characteristics of Culture

Text D: Cultural Identity

Text E: Cultures Within Culture

4. 考核要求:

（1）术语: 能够理解本章重要的术语

（2）案例分析: 能够运用本章的相关理论解析案例

Chapter Ⅱ Communication and Intercultural Communication

1. 教学要点

随着全球化进程的加速推进, 跨文化交际正在渗透到人们生活的方方面面。本章主要从探讨交际界定的复杂性入手, 剖析交际发生的过程以及构成交际的要素, 从而归纳出交际的特征, 通过以上一系列系统的阐述可以帮助学习者全面理解交际。

本章还强调文化与交际的关系, 通过例证凸显文化与交际的不可分割性, 帮助学习者全面理解文化与交际的关系, 认识到跨文化交际的重要性, 详细地阐述跨文化交际的定义及其主要内容, 剖析跨文化交际的主要形式, 从而帮助学习者全面理解跨文化交际。

2. 教学时数: 2 学时

3. 教学内容:

Text A: Communication

Text B: Characteristics of Communication

Text C: Culture and Communication

Text D: Intercultural Communication

4. 考核要求:

1）术语: 能够理解本章重要的术语

2）案例分析: 能够运用本章的相关理论解析案例

Chapter Ⅲ Culture's Influence on Perception

1. 教学要点

认知是指人们获得知识和应用知识的过程, 也是对外界信息进行加工的过程, 为人类最基本的心理过程。在跨文化交际中, 人们因文化差异导致认知困难, 进而产生误会、摩擦, 甚至冲突。

本章详细地介绍了人类的认知过程, 重点分析了感觉和知觉, 讨论跨文化背景下人们感觉和知觉上的差异, 进一步阐述文化对认知的影响。此外, 本章还介绍了导致不确切认知的一些问题和提高认知能力的相关技巧。

本章不仅帮助学习者了解人们如何通过心理活动获取知识, 还有助于学习者理解文化对认知的影响，明白不同文化中的认知差异，从而自觉地克服并战胜导致不确切认知的障碍，把握和提高认知能力的相关技巧，最终提高跨文化认知能力。

2. 教学时数：2 学时

3. 教学内容：

Text A: Overview: Human Perception

Text B: Cross-cultural Difference in Sensation and Perception

Text C: Barriers to Accurate Perception in Intercultural Communication

Text D: How to Improve Your Perceptual Skills in Intercultural Communication

4. 考核要求：

（1）术语：能够理解本章重要的术语

（2）案例分析：能够运用本章的相关理论解析案例

Chapter Ⅳ Intercultural Communication Barriers

1. 教学要点

跨文化交际中常会出现由于文化差异导致的误会、矛盾和冲突。这些误会、矛盾和冲突会影响到具体的跨文化交际效果。为了更加有效地进行跨文化交际，我们有必要了解妨碍成功跨文化交际的因素。

本章主要介绍了跨文化交际中的障碍，包括情感障碍、态度障碍和语言交流中的翻译障碍。情感上的障碍主要表现为焦虑和不确定，以及假定一致性；态度障碍包括民族中心主义、文化定势、偏见和种族主义；语言交流方面的障碍主要表现在翻译方面，具体包括词汇上的不对等、习语上的不对等、语法和句法上的不对等、经验上的不对等以及概念上的不对等。本章对于跨文化交际中各种障碍的介绍，有助于学习者有效地了解并克服跨文化交际障碍。

2. 教学时数：4 学时

3. 教学内容：

Text A: Emotional Problems as Barriers to Intercultural Communication

Text B: Attitudinal Problems as Barriers to Intercultural Communication

Text C: Translation Problems as Language Barriers

4. 考核要求：

（1）术语：能够理解本章重要的术语

（2）案例分析：能够运用本章的相关理论解析案例

Chapter V Verbal Intercultural Communication I

1. 教学要点

语言是相对稳定的人类群体运用和交流的符号系统和规则系统。在当今世界全球化的背景下，人们在跨文化交际的过程中愈发地发现语言与文化密不可分。词语和表示词语的声音因文化而异，词汇的意义也受到文化的影响。此外，语言的多样性不仅有助于洞悉社会现实，而且有利于表达独特的文化价值观。

本章主要讨论言语交际的意义、语言与文化的关系、文化对交际风格的影响、语言的多样性和书面语言的交际等问题。这些内容有助于学习者更加全面地认识言语交际，更为深入地理解语言和文化之间不可分割的关系。

2. 教学时数：4 学时

3. 教学内容：

Text A: Significance of Verbal Communication

Text B: Language and Culture

Text C: Verbal Communication Styles

Text D: Language Diversity

Text E: Written Communication

4. 考核要求：

（1）术语：能够理解本章重要的术语

（2）案例分析：能够运用本章的相关理论解析案例

Chapter VI Nonverbal Intercultural Communication

1. 教学要点

非言语交际有助于人类交流思想和感情，在现实的交际中有多达 70% 的交际信息是依赖非言语的方式获得的。因此，我们不仅有必要明确非言语交际的意义，而且还需要了解其五大基本功能：重复、补充、替代言语行为、调节和否认交际事件的真实性。

非言语交际包括人们对时间和空间的认识，对待副语言和沉默的态度，对身势语（动作、姿态和面部表情）的把握，以及对服饰、目光语、触觉行为、色彩学和气味的看法等。了解这些非言语交际的相关知识有利于学习者比较全面地把握非言语交际的各个方面，对非言语交际的意义和影响有更为深入的理解，使学习者在跨文化交际过程中有意识地注重非言语因素，从而进行更加得体有效的跨文化交际。

2. 教学时数：2 学时

3. 教学内容：

Text A: Significance of Nonverbal Communication

Text B: Definition and Functions of Nonverbal Communication

Text C: Paralanguage and Silence

Text D: Time and Space

Text E: Other Categories of Nonverbal Communication

4. 考核要求：

（1）术语：能够理解本章重要的术语

（2）案例分析：能够运用本章的相关理论解析案例

Chapter Ⅶ Cultural Values

1. 教学要点

文化是一个宏观的整体，但学习文化的过程往往要求人们将文化分成不同的部分，在这一过程中，人们必须意识到"文化模式"的存在。"文化模式"是指生活在一定的民族和社会中的人们长期适应、共同遵守一种独特的文化规则，从而表现出来的价值取向、行为模式、心理趋向等一整套文化系统。西方的学者通过研究和实证从不同角度概括了文化模式的内容，其中就包括霍尔的高语境—低语境文化模式区分、克拉克洪的五个价值取向理论以及霍夫斯代德的四对文化维度分析。本章将通过阐述这三种文化模式的内容和意义，对不同文化的信仰、价值观、规则和行为模式进行具体的描述。

2. 教学时数：4 学时

3. 教学内容：

Text A: Defining Cultural Patterns

Text B: Components of Cultural Patterns

Text C: Edward T. Hall's Context – Culture Theory

Text D: Kluckhohn and Strodtbeck's Value Orientation

Text E: Hofstede's Dimensions of Cultural Variability

4. 考核要求：

（1）术语：能够理解本章重要的术语

（2）案例分析：能够运用本章的相关理论解析案例

Chapter Ⅷ Cultural Influences on Contexts

1. 教学要点

"语境"这一概念在跨文化交际学科中具有非常重要的意义。脱离了对不同文化中语境差异的辨析和研究，跨文化交际的理论和实践研究将是无源之水，不能行之长久。

本章将对语境与文化的关系、语境与交际的关系进行深入探讨，以求揭示语境的内涵，并使学习者意识到语境分析之于跨文化交际能力提高的重要意义。此外，本章将就与人们日常生活紧密相关的三个语境：商务语境、教育语境和医疗语境展开论述，对不同文化中这三种语境下的行为模式、观念态度的异同进行阐述分析，使学习者能够行之有效地应对跨文化交际过程中各种语境下的具体问题。

2. 教学时数：4 学时

3. 教学内容：

Text A: Communication and Context

Text B: The Business Context

Text C: The Educational Context

Text D: The Health Care Context

4. 考核要求：

（1）术语：能够理解本章重要的术语

（2）案例分析：能够运用本章的相关理论解析案例

Chapter Ⅸ Intercultural Adaptation

1. 教学要点

当我们离开母语文化，进入目的语文化时，由于文化差异，会经历不同的跨文化适应阶段，为了更好地适应新文化，我们有必要准确了解可能经历的跨文化适应过程以及可能产生的不同交际结果。

本章主要介绍文化适应的定义、文化适应的模式和影响文化适应的因素，以及文化冲击的定义、症状、形式和影响，以帮助学习者理解文化适应和文化冲击的基本知识；在此基础上，引出跨文化适应的定义以及跨文化适应阶段的两种模式，帮助学习者理解跨文化适应的基本知识，进而区别文化冲击与跨文化适应，以便更为确切地了解人们适应新文化的过程；最后，本章介绍了某些克服文化冲击和促进跨文化适应的策略，帮助学习者更好地处理现实生活中的跨文化交际障碍，更加易于适应新文化。

2. 教学时数: 4 学时

3. 教学内容:

Text A: Acculturation

Text B: Culture Shock

Text C: Intercultural Adaptation

Text D: Strategies for Avoiding Culture Shock and Engaging in Intercultural Adaptation

4. 考核要求:

（1）术语: 能够理解本章重要的术语

（2）案例分析: 能够运用本章的相关理论解析案例

Chapter Ⅹ Intercultural Communication Competence

1. 教学要点

跨文化交际能力是交际者进行文化交流时所需的一种必要的综合能力。交际者的跨文化交际能力可以直接影响到具体的交际活动的结果。本章明确介绍跨文化交际能力的定义，同时重点介绍与之相关的概念（"能力""交际能力""跨文化能力""跨文化交际能力"），有利于学习者清晰地把握定义的内涵和各概念间的关系。本章还从经济、科技、人口以及社会正义的角度分析对跨文化能力的迫切需要，介绍跨文化能力构成的各个要素和四大维度，此外，还给出了提高跨文化能力的策略与发展技巧。

这些内容有助于学习者较为深刻地把握跨文化交际能力的内涵，清晰地理解跨文化能力的构成与发展模式，全面地认识跨文化能力的培养、提高策略及其发展技巧。

2. 教学时数: 2 学时

3. 教学内容:

Text A: Factors underlying Intercultural Communication Competence

Text B: Definitions: Communication Competence and Intercultural Communication Competence

Text C: The Components of Intercultural Competence

Text D: The Dimensions of Intercultural Competence

Text E: Strategies and Skills for Improving Intercultural Competence

（六）教学方法

1. 教师采用以下四种教学模式:

（1）案例讨论式教学模式

（2）多媒体教学模式

（3）兴趣陶冶式教学模式

（4）循序渐进式教学模式

2. 主要教学方法：

讲授法，文化表演，文化谜语，案例教学，关键事件分析法等。

（七）考核方式

■ 考核性质：考查课

■ 考核形式：A. 试卷开卷 B. 口语测试 C. 其他

■ 成绩构成：

   ■ 随堂测试占总成绩的 20%

   ■ 课堂表现占总成绩的 10%

   ■ 课堂报告占总成绩的 10%

   ■ 期末考试占总成绩的 60 %

二、中国学生跨文化课程作业

郑XX 工业141 20XX0501023O.

我所了解中西方文化差异

这学期是我大三的上学期，在抢选修课的时候，我很庆幸能够选到赵晓红老师所任的"跨文化交际"这门课，在经历了十周左右的学习，我认为自己在这门月选修课上学到了很多也了解到了很多，感谢赵老师为我们悉心准备上课内容并请到国外大学的老师，甚至剑桥大学的教授来为我们讲课。上完课后，我感到十分庆幸当初能够选上这门课，能够在课上拓展新的认识，同时也很感谢那些外国大学的老师不远千里来到北京建筑大学为我们传递知识。接下来，我就来谈一下我在课上所学到的东西结合我所了解的中西方文化差异来给这门课划上一个圆满的句号。

首先，广义的文化是指人类创造出来的所有物质和精神财富的总和，文化是人们社会实践的产物，是社会历史的积淀物。而确切一点来说，文化是指一个国家或民族的历史、地理、传统习俗、生活方式、文学艺术、行为规范、思维方式、价值观等。现如今，随着全世界的高度融合，不同的文化也在时刻碰撞着，不同的文化都在走得更远。而中西方文化之间的差异，是制约中国与西方进行交流的重要因素，我们需要了解中西方文化差异，才能避免在交际过程中遇到问题，造成误解以至于陷入尴尬境地。

作为中国人，我认为中国人的思维模式是螺旋状的，说白了就是隐晦含蓄不直接，反之西方人则是直线状的，表现为直白，不拐弯抹角。最明显的体现就是文字，英语句意明显，表达直接清楚。而中文由博大精深的汉字组成，成千上万的汉字所表达的含义则有可能相当复杂，不仅有多音字、近义词，就连语句

Date　　　　No.

而使用的位置不同都能带来巨大的差异。就比如"方便"二字，当你想上厕所的时候，你会对周围的人说：不好意思，我要去方便一下。而在另一种情况下，有所请求时，则会说：在你方便的时候。刚刚是一样的两个字，处于不同情形则是完全不同的意思，一旦有外国人不清楚含义，那就真是啼笑皆非了。

西方的思维方式着重逻辑、思辨，讲求有根有据。而中方思维则倾向于经验、直觉。所以导致了以逻辑分析为主要思维模式的西方人在科学研究上有着优势，能够探讨深刻的思考问题，导致科学发明与研究领域总是西方人占优。除此之外，西方着重细节分析，强调个体，而中方则讲究整体综合。姓氏排名就充分体现了这点。中国姓氏是姓氏在前，名在后，首先强调家族传承，再到个人。而西方姓氏是名字在前，姓在后，强调个人。这就是个别与整体的合成关系。在道德观念上也有着对立的差异。西方人重视人的个体，而中方强调群体，西方原本强调私有财产，"私"这一词突出了道德观念的核心。西方人重利益，重理智，面对生意最看重合同。而中国人则看重人情、重中庸。正如马文老师上课所说，外国人不懂中国考极没生意的为什么一定要去喝酒、去KTV，明明合同上就能解决生意，偏偏要到酒桌上，KTV里去解决。中方看重集体利益，包括国家利益，家族利益，将国家利益放在首位，把个人利益和集体利益，国家利益联系在一起，充满了爱国主义和奉献精神。而西方更看重个人利益，追求人权、崇尚自由，认为如果连个体利益都无法保障，更不不谈集体利益。

接下来谈一谈饮食上的差异，为什么吃，怎么吃，体现为一种意愿或欲念。西方是一种理性思维，讲求科学的饮食观念，强调饮食的营养价值，注重食物的蛋白质，脂肪，热量和维生素的多少，所不刻意去追求食物的色香味，即使是口味千篇一律，仍然也会理智的看待配吃下去。因为有营养，而不是将饮食作为一种精神享受，带有功利性和目的性。而中国则反之，不仅要求食物健康安全更将食物的味道看得极重，古有"民以食为天"的说法，将品尝美食作为一种高尚的精神享受。由于观念不同，则导致内容大相径庭。不仅在饮食的内容上差别很大，还存在于饮食礼仪和烹饪方法上的差异。西方与游牧和航海文化联系密切，所以吃的大多都是荤菜，主要以摄取蛋白质和脂肪。而中国人所处受方式农业文明影响，饮食结构以五谷为主，蔬菜肉类为辅，着重素菜，又在道教佛教"不杀生"的宗教影响下，推动了蔬菜类的栽培与烹调技术的发展，饮食方式则是叉与筷子之间的比较，个人认为筷子是最正确的主要进食方式，西方人重视食物内容，而中国人则从各方面强调菜肴的形式和从中获得的感受。

　　在完成这门课程的学习后，对我进一步了解中西方文化差异有巨大的作用，也能让我对文化差异的探讨有了更多兴趣，很庆幸能够选上这门课！

关于跨文化交际的一些体会

水 151 李相宜 201503020103

这学期我选修的这门课名称是"跨文化交际",跨文化交际是指本族语者与非本族语者之间的交际,也指任何在语言和文化背景方面有差异的人们之间的交际。

在上这门课的时候,老师向我们列举了很多跨文化交际的实际例子,比如德国人和中国人的思维模式、办事方式的对比,美国人的子女基本不会给父母养老,中国留学生在美国不爱参加 party 等,这些事例体现出中国和其他国家的种种文化差异,也提醒了我们在跨文化交际中应该考虑其他国家的感受,这样才能更好地与他们进行交流和互动。

理解其他地区、其他种族人群的文化对跨文化交际十分有益。2016 年夏天,我到法国巴黎旅游,在一个购物中心里购物,购物之后要到商场服务中心开具发票,我和母亲直接去跟工作人员要发票。工作人员显得有些不高兴,她告诉我们,法国人不管跟对方是否认识,在见面或者办事之前也要打招呼,不是像中国人一样说一句"你好",而是还要和对方谈论天气之类的其他话题表示友好,我和母亲都很震惊,因为我们在中国都没有这样的交流习惯。通过这件事,我切实体会到了中国和法国之间的文化差异,与此同时,也理解了欧洲人为什么办事效率有些低。

我的父亲目前是中国驻欧盟使团的外交官,之前也在其他使团任职,去过 50 多个国家,因此我在学校放假时也会到欧洲跟父母团聚。

我发现大多数欧洲人比较友好,但是也比较冷漠,他们的社会规则感比中国强,之前在欧洲开车出去旅游,我发现并道的时候根本没有车会让着辅路的车,父亲告诉我在主路上行驶的车辆都享有主路权,如果你开车想要上主路,在主路上行驶的车辆绝对不会让着你,发生事故主路车也不负责。但在国内就完全不同,如果车辆并道的时候撞车,两车对事故都有责任,因此在中国主路上的汽车也会减速避让并道车辆。从这件事上我们就可以看出欧洲人对个人权益的重视程度比国人高一些,受法律保障的权益至高无上,不可侵犯,中国还是有点"人情社会"的意味。

欧洲有一些法律看起来不近人情,街道上的人行横道很多都是不设置红绿灯的,这点跟国内不一样。国内基本上只要有人行横道,就要设置红绿灯,在没有红绿灯的情况下,欧洲的行人过马路是不用避让车辆的,所有车辆看到有人过马路,必须马上避让,不能跟在人行横道上的行人抢,因为这样做是违法的。我之前在欧洲遇到一位瑞典人,碰巧到中国旅游过,他聊天的时候很震惊地问我,为什么在中国的人行横道上遇到汽车,它不仅不避让,还鸣笛驱赶你?我听到他这么说,真的感觉非常不好意思,因为国内一些司机的不文明行为,给外国人留下了中国人不守规则的不好印象。看来一些国人守规则的意识真的有待增强，不过我也相信不守规则的国人只是少部分，大多数人还是有规则意识的，同时也希望这些外国人不要因为少数中国人的不守规则就对全部中国人形成刻板印象。

在欧洲的时候，我发现欧洲人对亚洲人存在着刻板印象，比如经常有人跟我用日语打招呼，他们认为能够出国旅游的大多数亚洲人肯定是日本人，毕竟日本是发达国家，也有一定的世界影响力，所以就用日语跟所有的亚洲人打招呼。其实如今中国经济发展了，中国人出国旅游的机会也越来越多，我希望以后会有更多的外国人了解中国人，不要再主观地认定我们是日本人。

不过通过在欧洲的一些经历，我觉得欧洲真的没有很多人想象的那么好，总体来说，比利时的环境还是不错的，但是葡萄牙、法国、西班牙的环境真的不如国内，这些国家的治安环境也不太好，在葡萄牙旅游的时候基本上天天都能看到小偷；法国街道特别脏，就连最著名的香榭丽舍大街也是如此；去西班牙的时候，巴塞罗那正在闹独立，很多人上街游行、在公园乞讨。就算去过欧洲，我觉得我还是更喜欢中国，至少安全，所以说外国的月亮也没有那么圆，不是什么都好，不能盲目崇拜。

以上就是我对跨文化交际的一些心得体会，讲了国外好的，也讲了不好的，总之我认为应该辩证地看待问题，用自己的理解去认识这个世界，包容这个世界的多样性，这样才能有利于自身的发展。

跨文化交际结课小论文

机电 152　王梓牟 201505010228

经过几周的跨文化交际课程，我学习到了很多国外的文化和习俗。虽然这是一门选修课，但是课程的内容非常新颖实用，而且老师的倾力教学让我们仿佛身临其境。这里要特意说一下，老师为了能让我们更加深入和有代入感地了解这门课程，特意请来了许多外国留学生和外国老师给我们上课，讲述他们的家乡和留学生活。这也给了我们一种从未有过的感触，原来在不同文化底蕴的人们眼中，世界的差异那么大。这些不同的世界观和价值观形成了不同的文明和历史。所以我认为这门课的最大意义在于：通过了解不同文化的差异了解更多的文化历史与价值取向，从而让我们与世界友人交流时更加有底气，有自信。所谓"大同小异"的精髓也不亚于此吧！

让我们先来了解一下为什么要学习"跨文化交际"这门课。其实最重要还是"交际"两个字。不管是外国人来中国做客，还是我们出国办公或留学生活，都避免不了交流彼此的文化，看法，观念等。但是由于地域文化的差异，我们的交流往往不是一帆风顺的，可能因为一个手势，或者饮食、气候、性格等方面的差异而对彼此产生误会，甚至酿成大错，所以跨文化交际对于学生，特别是出国留学的学生而言，是非常时宜且实用的。我们需要一些用来交际和解决问题的必备文化知识和常识，只要掌握了相应的技能，就能谈妥一门生意或避免不必要的尴尬。

那么，怎样学习如此繁琐的跨文化交际的知识记忆点呢？这也是最关键的一步。老师抛弃了传统的说教式演讲，而采用了一种开放式的新模式，在课堂上随时提出新颖的小问题供我们思考，让我们自由发挥，从而解决问题。例如，一名美国的留学生在上课时问了我们一个很有趣的问题，他说我们出国留学都会遇到四个阶段：一是语言；二是生活不适应；三是有孤独感，觉得一无是处对周围和自己很沮丧；四是学业。但是熬过了这四个阶段，我们往往又会比较轻松地解决任何问题。如果我们出国留学，要怎样度过这些阶段呢？可以说这是一个跨度很广，并且很现实的问题。同学们积极主动地讨论了起来，虽然大家的想法千奇百怪，但是老实说，只有当我们自己出国留学时，才能发现这些问题多么棘手！而听课的大部分都是即将出国留学的同学，所以这个问题很有价值。最后老师也提供给我们几个非常有用的建议，其中印象最深的是，遇到这些挫折时，首先承认自己的不足，然后通过人力资源寻求帮助，这比自己一头雾水地瞎撞管用。因为他们都是从那些阶段过来的，而且可能直接帮你解决问题。虽然独立解决问题的能力很重要，但是不得不承认，当你来到一个新的文化环境时，不耻下问永远都是一种最有效的方法。

最后，我要特别感谢我们的老师，从开学到现在一共给请来了 6 位外国友人，有和我们年纪相仿的荷兰人和韩国人，也有正处于热恋期的俄罗斯姑娘和开放的美国男孩，他们自信地给我们讲述当地的文化背景和常识。我觉得他们非常可爱，十分想和他们成为朋友！通过跨文化交际这门课，我收益颇丰，觉得比之前更加国际范儿了。我希望自己有朝一日出国或者结识外国友人时，也能像老师一样自信地介绍自己国家的文化和背景！所以且行且加油吧！

跨文化交际

地 151　周道坤 201504020119

通过本学期"跨文化交际"这门课程的学习，我了解了很多从前未曾思考，但又真实存在的我国与他国文化上的差异。

说实话，当初选择这门课程的时候，对于何为"跨文化"，我并没有真正地理解，只是简单理解成介绍一些外国节日（例如"圣诞节"），或者"西餐"这种肤浅的习俗或生活上的差异，可是现在慢慢理解了何为"跨文化"。第一节课上，赵老师开门见山地问我们对于文化差异的理解，大家说的基本上都是语言或饮食上的差异，然而老师告诉我们，虽然是本族语言者与非本族语言者的交际，但不仅局限于语言。基于不同语言者的对比，通过一个学期的学习，我明白了大到政治，小到用餐工具的使用，都属于文化差异。

赵老师告诉我们，本课程旨在教会我们如何正确审视文化差异，提高适应能力与交流技能，而现在我切身地体会到了这些知识是非常重要的。

一个学期下来，我不仅了解到不同国家在文化、生活习惯和思维方式上的差异，而且认识到他们在行为方式、民族性格、宗教、服饰，甚至建筑风格上的差异，这让我大开眼界，受益匪浅。

这学期有泰国使馆的老师为我们讲课，也有外教讲课，当然主要是赵老师给我们讲的一些在外国生活应该注意的细节，还有很多短片、演讲和电影片段，我觉得这些对我都是非常有帮助的。而课下我也根据老师传授的知识进行了拓展学习，愈发觉得文化差异远比我想象的要多，要大，要重要。

这其中，一个是"party"；一个是刀叉的使用和用餐礼仪，令我印象深刻。我觉得虽然现在身处中国，似乎并没有什么实在的帮助，但是以后在国外学习或者工作，这就变得非常重要了。之前并不了解，甚至根本没有想到会有这些问题，而现在我深切认识到了这些文化上的差异真得非常重要。

首先说说"party"吧，我是一个比较内向的人，在中国没有参加过什么"party"，不过似乎也没有什么人举办"party"，然而老师告诉我们，在国外"party"十分常见，而且有很多要注意的。其中有一点，我简单理解成"说到做到"，让我深切体会到了中外的差异。老师给我们举例子，例如，在中国受到朋友的邀请："有一个'party'，你来不来？"对于这样一个简单的问题，我可能回答得模棱两可，也许吧，这当然就是可能去，可能不去；可能自己去，也可能是带一个朋友去，但老师告诉我们，在国外这是要不得的，去就是去，几个人去都是要说好的，虽然我不太理解，也觉得不合乎情理，但可能这就是中外的差异吧，现在虽然暂时理解不了，但在国外时还是一定要注意。

　　其次就是刀叉的使用和用餐礼仪，虽然吃过一些西餐（例如牛排什么的），但是只是和家人或者朋友一起，对于刀叉的使用毫无讲究，怎么顺手怎么来，通过老师播放的一个影片，我才意识到原来刀叉的使用是非常讲究的，而且我从来没有注意过什么餐桌礼仪，虽然小时候家长也教过我一些，但一直觉得无关紧要。通过老师的讲解，我才意识到其重要性之所在。

　　虽然这两个例子只是 10 个周二晚上课程的九牛一毛，但却是令我印象最为深刻的，也是对于我的未来最有用的两个文化差异。如果没有这些知识，我可能会犯很多错误，走很多弯路，甚至闹一些笑话，让朋友不悦；但是现在有了这些知识，就可以避开这些尴尬的问题。我觉得这是一门很有意思，也很有意义的课程，虽然时间很短，但是学到了很多有用的东西。希望以后有机会接触更多"跨文化"的知识，相信这些知识一定会派上用场。

三、来华留学生跨文化课程作业

BEIJING UNIVERSITY OF CIVIL ENGINEERING AND ARCHITECTURE

TOPIC: CROSS CULTURAL COMMUNICATION

Work Submitted by:

Name: Patrick NTEZIRYAYO

Chinese name: 李瑞

REG: 6010ZTM19004

Transculturalism is defined as "seeing oneself in the other". Transcultural is in turn described as "extending through all human cultures"or "involving, encompassing, or combining elements of more than one culture"

According to Richard Slimbach, author of *The Transcultural Journey*, transculturalism is rooted in the pursuit to define shared interests and common values across cultural and national borders. Slimbach further stated that transculturalism can be tested by means of thinking "outside the box of one's motherland" and by "seeing many sides of every question without abandoning conviction, and allowing for a chameleon sense of self without losing one's cultural center".

According to Jeff Lewis, transculturalism is characterised by cultural fluidity and the dynamics of cultural change. Whether by conflict, necessity, revolution or the slow progress of interaction, different groups share their stories, symbols, values, meanings and experiences. This process of sharing and perpetual 'beaching' releases the solidity and stability of culture, creating the condition for transfer and transition. More than simple 'multiculturalism', which seeks to solidify difference as ontology, 'transculturalism' acknowledges the uneven interspersion of Difference and Sameness. It allows human individuals groups to adapt and adopt new discourses, values, ideas and knowledge systems. It acknowledges that culture is always in a state of flux, and always seeking new terrains of knowing and being.

Transculturalism is the mobilization of the definition of culture through the expression and deployment of new forms of cultural politics. Based on Jeff Lewis' From Culturalism to Transculturalism, transculturalism is charactized by the following:

● Transculturalism emphasizes on the problematics of contemporary culture in terms of relationships, meaning-making, and power formation; and the transitory nature of culture as well as its power to transform.
● Transculturalism is interested in dissonance, tension, and instability as it is with the stabilizing effects of social conjunction, communalism, and organization; and in the destabilizing effects of non-meaning or meaning atrophy. It is interested in the disintegration of groups, cultures, and power.

- Transculturalism seeks to illuminate the various gradients of culture and the ways in which social groups *create* and *distribute* their meanings; and the ways in which social groups interact and experience tension.

- Transculturalism looks toward the ways in which language wars are historically shaped and conducted.

- Transculturalism does not seek to privilege the semiotic over the material conditions of life, nor vice versa.

- Transculturalism accepts that language and materiality continually interact within an unstable locus of specific historical conditions.

- Transculturalism locates relationships of power in terms of language and history.

- Transculturalism is deeply suspicious of itself and of all utterances. Its claim to knowledge is always redoubtable, self-reflexive, and self-critical.

- Transculturalism can never eschew the force of its own precepts and the dynamic that is culture.

- Transculturalism never sides with one moral perspective over another but endeavors to examine them without ruling out moral relativism or meta-ethical confluence.

The Impacts of Cross-Cultural Communication

1. Cultural identity
2. Racial identity
3. Ethnic identity
4. Gender roles
5. Individual personalities
6. Social class
7. Age
8. Roles identity

The factors work together that effect cross-cultural communication.

Figure 1: Communication

It's been said that men and women are so different, they must be from different plan-ets. John Gray's famous book, *Men Are From Mars, Women Are From Venus*, popu-larized this theory through the title alone, even with tongue planted firmly in cheek.

In reality, we all come from Earth, but men and women do have diverse ways of speaking, thinking and communicating overall. Just think of how you would respond to a particular stimulus and how someone of the opposite sex might respond if faced with the same situation. Through extensive research of the genders, many differenc-es have been found.

Most people, though, don't look deeper into why there's a difference. Rather, they magnify stereotypes or focus on the surface-level issues instead of digging deeper into why the genders act one way or another. The communication facilitates flow of information, ideas, beliefs, perception, advice, opinion, orders and instructions etc. both ways which enable the managers and other supervisory staff to learn manageri-al skills through experience of others. The experience of the sender of the message gets reflected in it which the person at the receiving end can learn by analyzing and understanding it.

1. Cultural Identity

Culture can be defined as the values, attitudes, and ways of doing things that a person brings with them from the particular place where they were brought up as a child. These values and attitudes can have an impact on communication across cultures because each person's norms and practices will often be different and may possibly clash with those of co-workers brought up in different parts of the world.

Figure 2: Cultural Identity

Culture is the values, beliefs, thinking patterns and behavior that are learned and shared and that is characteristic of a group of people. It serves to give an identity to a group, ensures survival and enhances the feeling of belonging. Identity is the definition of ones-self. It is a person's frame of reference by which he perceives himself. Identities are constructed by an integral connection of language, social structures, gender orientation and cultural patterns. There is a complex relationship between culture and identity.

2. Racial Identity

Racial identity refers to how one's membership to a particular race affects how they interact with co-workers of different races.According to an article by Professor Daniel Velasco, published in the 2013 Asian Conference on Language Learning Conference Proceedings, there are exercises for intercultural training that asks participants to describe, interpret, and evaluate an ambiguous object or photograph. "If one is going to undertake the unpleasant goal of uncovering underlying racism in order to learn how to better communicate with other cultures," Velasco writes, "it is necessary to engage in exercises that confront racism head-on." His method, called E.A.D., asks participants to objectively describe what they see first and evaluate what they see. "By moving backwards through the . . . process, we are able to confront underlying racism, which will hopefully pave the way for self-awareness, cultural respect, and effective intercultural communication."

3. Ethnic Identity

Ethnic identity highlights the role ethnicity plays in how two co-workers from different cultures interact with one another. In the United States, white European Americans are less likely to take their ethnicity into account when communicating, which only highlights the importance of addressing different ethnicities in a workplace as a way of educating all co-workers to the dynamics that may arise between individuals of the same or different ethnic groups.

So what is the difference between race and ethnicity? According to experts from PBS, "While **race and ethnicity** share an ideology of common ancestry, they differ in several ways. First of all, **race** is primarily unitary. You can only have one **race**, while you can claim multiple **ethnic** affiliations. You can identify ethnically as Irish and Polish, but you have to be essentially either black or white." During childhood, ethnic identity develops gradually. Preschoolers do not really understand the significance of an ethnic group, and do not understand that ethnicity is a lasting feature of the self, although they may label themselves as white, black, brown, Indian, or that they speak English, Spanish, Italian, Zulu or whatever they might have heard from home. It's very common for young children to think that they may be able to change to something that they admire when they grow up.

4. Gender Roles

Another factor that impacts intercultural communication is gender. This means that communication between members of different cultures is affected by how different societies view the roles of men and women. For example, this article looks at the ways that western cultures view government sanctioned gender segregation as abhorrent. A Westerner's reaction to rules that require women in Saudi Arabia to cover themselves and only travel in public when accompanied by a male family member as repressive and degrading. This is looking at the world through a Western lens. Saudi women generally view themselves as protected and honored. When studying gender identity in Saudi Arabia it is important that we view the Saudi culture through a Saudi lens. Women in America struggle with these traditional stereotypes, while women in Saudi Arabia embrace their cultural roles. Nonverbal communication is integral to how we communicate. But each gender uses different nonverbal cues when communicating.

5. Individual Identity

The individual identity factor is the fifth factor that impacts cross-cultural communication. This means that how a person communicates with others from other cultures depends on their own unique personality traits and how they esteem themselves. Just as a culture can be described in broad terms as "open" or "traditional," an individual from a culture can also be observed to be "open-minded" or "conservative." These differences will have an effect on the way that multiple individuals from the same culture communicate with other individuals.

6. Social Class

A sixth factor which influences intercultural communication is the social identity factor. The social identity factor refers to the level of society that person was born into or references when determining who they want to be and how they will act accordingly.

Figure 3:BUCEA-International class and teacher

According to professors Judith N. Martin and Thomas K. Nakayama, authors of *Intercultural Communication in Contexts* (McGraw-Hill), "scholars have shown that class often plays an important role in shaping our reactions to and interpretations of culture. For example, French sociologist Pierre Bourdieu (1987) studied the various responses to art, sports, and other cultural activities of people in different French social classes. According to Bourdieu, working-class people prefer to watch soccer whereas upper-class individuals like tennis, and middle-class people prefer photographic art whereas upper-class individuals favor less representational art. As these findings reveal, class distinctions are real and can be linked to actual behavioral practices and preferences."

Whether individuals grow up in a working-class environment or in an academic household, they take on behaviors that are typical for their class -- so goes the hypothesis.

A social-psychologist has now found new evidence to support this hypothesis. Her study also shows, however, that people don't just rigidly exhibit class-specific behavior, but respond flexibly to counterparts from other social classes. Managers and workers and other staff exchange their ideas, thoughts and perceptions with each other through communication. This helps them to understand each other better. They realize the difficulties faced by their colleagues at the workplace. This leads to promotion of good human relations in the organisation.

It is through communication the efforts of all the staff working in the organisation can be coordinated for the accomplishment of the organisational goals. The coordination of all personnel's and their efforts is the essence of management which can be attained through effective communication.

7. Age

The age identity factor refers to how members of different age groups interact with one another. This might be thought of in terms of the "generation gap". More hierarchical cultures like China, Thailand, and Cambodia pay great deference and respect to their elders and take their elders' opinions into account when making life-changing decisions. Cultures like the United States are less mindful of their elders and less likely to take their advice into account when making important decisions. Such attitudes towards age cause the age identity factor to impact intercultural communication in the workplace.

8. The Roles Identity Factor

The roles identity factor refers to the different roles a person plays in his or her life including their roles as a husband or wife, father, mother or child, employer or employee, and so forth. How two members of a workforce from two different cultures view these various roles influences how they will interact with their fellow colleague or counterpart.

The proper and effective communication is an important tool in the hands of management of any organisation to bring about overall change in the organisational policies, procedures and work style and make the staff to accept and respond positively.

9.Cross-Cultural Communication in the Workplace

This article is accurate and true to the best of the author's knowledge. Content is for informational or entertainment purposes only and does not substitute for personal counsel or professional advice in business, financial, legal, or technical matters.

Cross-cultural awareness acquisition is one of the major goals of foreign language teaching. Cultural awareness is the term used to describe sensitivity to the impact of culturally induced behavior on language use and communication. In order to improve students' consciousness on intercultural communication and cultivate their socio-cultural abilities, the best way is to immerse them in the English cultural atmosphere and make contact with native speakers in person. For doing this, we cannot only get some rational knowledge on their culture, but also learn their culture through the perceptual comparison between their culture and ours. Some approaches are recommended here to help English-learners better perceive and understand cross-cultural awareness:

Growing up, boys and girls are often segregated, restricting them to socialize solely with individuals of their own gender, learning a distinct culture as well as their gender's norms.

This results in differences in communication between men and women, inclining both genders to communicate for contrasting reasons. For example, men are more likely to communicate as a way to maintain their status and independence, while women tend to view communication as a path to create friendships and build relationships.

For men, communication is a way to negotiate for power, seek wins, avoid failure and offer advice, among other things. For women, communication is a way to get closer, seek understanding and find equality or symmetry.

Much of this communication takes place using nonverbal cues. According to *Psychology Today*, more than half of all communication in conversation is done so in nonverbal form.

Management is getting the things done through others. The people working in the organisation should therefore be informed how to do the work assigned to them in the best possible manner. The communication is essential in any organisation.

The relevant information must flow continuously from top to bottom and vice versa. The staff at all levels must be kept informed about the organisational objectives and other developments taking place in the organisation. A care should be taken that no one should be misinformed. The information should reach the incumbent in the language he or she can understand better. The use of difficult words should be avoided. The right information should reach the right person, at right time through the right person. Effective communication is vital for efficient management and to improve industrial relations. In modern world the growth of telecommunication, information technology and the growing competition and complexity in production have increased importance of communication in organisations large and small irrespective of their type and kind. A corporate executive must be in a position to communicate effectively with his superiors, colleagues in other departments and subordinates. This will make him perform well and enable him to give his hundred percent to the organization.

BEIJING UNIVERSITY OF CIVIL ENGINEERING AND ARCHITECTURE

REPORT ON ACROSS CULTURAL COMMUNICATION

PRESENTED BY

NASIRU MOHAMMED

6010ZJS19007

TO

Xiaohong ZHAO

10TH September 2020

Introduction

Culture is a way of thinking and living whereby one picks up a set of attitudes, values, norms and beliefs that are taught and reinforced by other members in the group. This set of basic assumptions and solutions to the problems of the world is a shared system that is passed on from generation to generation to ensure survival. A culture consists of unwritten and written principles and laws that guide how an individual interacts with the outside world. Members of a culture can be identified by the fact that they share some similarity. They may be united by religion, by geography, by race or ethnicity.

Our cultural understanding of the world and everything in it ultimately affects our style of communication as we start picking up ways of one's culture at around the same time we start learning to communicate. Culture influences the words we speak and our behavior.

Indeed, intercultural communication happens between subgroups of the same country. Whether it be the distinctions between high and low Germanic dialects, the differences in perspective between an Eastern Canadian and a Western Canadian, or the rural-versus-urban dynamic, our geographic, linguistic, educational, sociological, and psychological traits influence our communication.

Culture is part of the very fabric of our thought, and we cannot separate ourselves from it, even as we leave home and begin to define ourselves in new ways through work and achievements. Every business or organization has a culture, and within what may be considered a global culture, there are many subcultures or co-cultures. For example, consider the difference between the sales and accounting departments in a corporation. We can quickly see two distinct groups with their own symbols, vocabulary, and values. Within each group there may also be smaller groups, and each member of each department comes from a distinct background that in itself influences behaviour and interaction.

Suppose we have a group of students who are all similar in age and educational level. Do gender and the societal expectations of roles influence interaction? Of course! There will be differences on multiple levels.

Among these students not only do the boys and girls communicate in distinct ways, but there will also be differences among the boys as well as differences among the girls. Even within a group of sisters, common characteristics exist, but they will still have differences, and all these differences contribute to intercultural communication. Our upbringing shapes us. It influences our worldview, what we value, and how we interact with each other. We create culture, and it defines us.

Culture involves beliefs, attitudes, values, and traditions that are shared by a group of people. More than just the clothes we wear, the movies we watch, or the video games we play, all representations of our environment are part of our culture. Culture also involves

What Is Culture? by L. Underwood Adapted from Understanding Culture; in Cultural Intelligence for Leaders (n.d.)

the psychological aspects and behaviours that are expected of members of our group. For example, if we are raised in a culture where males speak while females are expected to remain silent, the context of the communication interaction governs behaviour. From the choice of words (message), to how we communicate (in person, or by e-mail), to how we acknowledge understanding with a nod or a glance (non-verbal feedback), to the internal and external interference, all aspects of communication are influenced by culture.

Culture consists of the shared beliefs, values, and assumptions of a group of people who learn from one another and teach to others that their behaviours, attitudes, and perspectives are the correct ways to think, act, and feel.

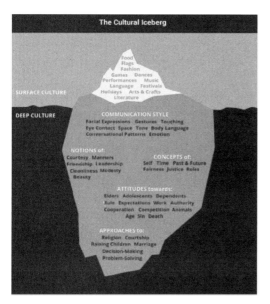

The Cultural Iceberg by L. Underwood
Adapted from Lindner (2013)

It is helpful to think about culture in the following five ways:

- Culture is learned
- Culture is shared
- Culture is dynamic
- Culture is systemic
- Culture is symbolic

The iceberg, a commonly used metaphor to describe culture, is great for illustrating the tangible and the intangible. When talking about culture, most people focus on the "tip of the iceberg," which is visible but makes up just 10 percent of the object. The rest of the iceberg, 90 percent of it, is below the waterline. Many business leaders, when addressing intercultural situations, pick up on the things they can see—things on the "tip of the iceberg." Things like food, clothing, and language difference are easily and immediately obvious, but focusing only on these can mean missing or overlooking deeper cultural aspects such as thought patterns, values, and beliefs that are under the surface. Solutions to any interpersonal miscommunication that results become temporary bandages covering deeply rooted conflicts.

Cultural Membership

How do you become a member of a culture, and how do you know when you are full member? So much of communication relies on shared understanding, that is, shared meanings of words, symbols, gestures, and other communication elements. When we have a shared understanding, communication comes easily, but when we assign different meanings to these elements, we experience communication challenges.

What shared understandings do people from the same culture have? Researchers who study cultures around the world have identified certain characteristics that define a culture. These characteristics are expressed in different ways, but they tend to be present in nearly all cultures:

- rites of initiation
- common history and traditions
- values and principles

- purpose and mission
- symbols, boundaries, and status indicators
- rituals
- language

Terms to Know

Although they are often used interchangeably, it is important to note the distinctions among multicultural, cross-cultural, and intercultural communication.

Multiculturalism is a rather surface approach to the coexistence and tolerance of different cultures. It takes the perspective of "us and the others" and typically focuses on those tip-of-the-iceberg features of culture, thus highlighting and accepting some differences but maintaining a "safe" distance. If you have a multicultural day at work, for example, it usually will feature some food, dance, dress, or maybe learning about how to say a few words or greetings in a sampling of cultures.

Verbal and Non-Verbal Differences

Cultures have different ways of verbally expressing themselves. For example, consider the people of the United Kingdom. Though English is spoken throughout the UK, the accents can be vastly different from one city or county to the next. If you were in conversa-tion with people from each of the four countries that make up the UK—England, Northern Ireland, Scotland, and Wales, you would find that each person pronounces words differently. Even though they all speak English, each has their own accent, slang terms, speaking volume, metaphors, and other differences. You would even find this within the countries themselves. A person who grew up in the south of England has a different accent than someone from the north, for example. This can mean that it is challenging for people to understand one another clearly, even when they are from the same country!

While we may not have such distinctive differences in verbal delivery within Canada, we do have two official languages, as well as many other languages in use within our borders. This inevitably means that you'll communicate with people who have different accents than you do, or those who use words and phrases that you don't recognize. For example, if you're Canadian, you're probably familiar with slang terms like toque (a knitted hat), double-double (as in, a coffee with two creams and two sugars—preferably from Tim Hortons), parkade (parking garage), and toonie (a two-dollar coin), but your friends from other countries might respond with quizzical looks when you use these words in conversation!

When communicating with someone who has a different native language or accent than you do, avoid using slang terms and be conscious about speaking clearly. Slow down, and choose your words carefully. Ask questions to clarify anything that you don't understand, and close the conversation by checking that everything is clear to the other person.

Cultures also have different non-verbal ways of delivering and interpreting information. For example, some cultures may treat personal space differently than do people in North America, where we generally tend to stay as far away from one another as possible. For example, if you get on an empty bus or subway car and the next person who comes on sits in the seat right next to you, you might feel discomfort, suspicion, or even fear. In a different part of the world this behaviour might be considered perfectly normal. Consequently, when people from cultures with different approaches to space spend time in North America, they can feel puzzled at why people aim for so much distance. They may tend to stand closer to other people or feel perfectly comfortable in crowds, for example.

This tendency can also come across in the level of acceptable physical contact. For example, kissing someone on the cheek as a greeting is typical in France and Spain—and could even be a method of greeting in a job interview. In North America, however, we typically use a handshake during a formal occasion and apologize if we accidentally touch a stranger's shoulder as we brush past. In contrast, Japanese culture uses a non- contact form of greeting—the bow—to demonstrate respect and honour.

Meaning and Mistranslation

Culturally influenced differences in language and meaning can lead to some interesting encounters, ranging from awkward to informative to disastrous. In terms of awkwardness, you have likely heard stories of companies that failed to exhibit communication competence in their naming and/or advertising of products in another language. For example, in Taiwan, China, Pepsi used the slogan "Come Alive With Pepsi," only to find out later that, when translated, it meant, "Pepsi brings your ancestors back from the dead" (Kwintessential, 2012). Similarly, American Motors introduced a new car called the Matador to the Puerto Rican market, only to learn that Matador means "killer," which wasn't very comforting to potential buyers.

Comparing and Contrasting

How can you prepare to work with people from cultures different than your own? Start by doing your homework. Let's assume that you have a group of Japanese colleagues visiting your office next week. How could you prepare for their visit? If you're not already familiar with the history and culture of Japan, this is a good time to do some reading or a little bit of research online. If you can find a few English-language publications from Japan (such as newspapers and magazines), you may wish to read through them to become familiar with current events and gain some insight into the written communication style used.

Preparing this way will help you to avoid mentioning sensitive topics and to show correct etiquette to your guests. For example, Japanese culture values modesty, politeness, and punctuality, so with this information, you can make sure you are early for appointments and do not monopolize conversations by talking about yourself and your achievements. You should also find out what faux pas to avoid. For example, in company of Japanese people, it is customary to pour others' drinks (another person at the table will pour yours). Also, make sure you do not put your chopsticks vertically in a bowl of rice, as this is considered rude. If you have not used chopsticks before and you expect to eat Japanese food with your colleagues, it would be a nice gesture to make an effort to learn. Similarly, learning a few words of the language (e.g., hello, nice to meet you, thank you, and goodbye) will show your guests that you are interested in their culture and are willing to make the effort to communicate.

If you have a colleague who has travelled

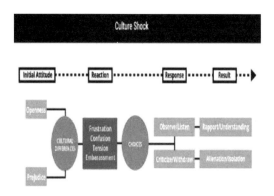

Culture Shock by L. Underwood

to Japan or has spent time in the company of Japanese colleagues before, ask them about their experience so that you can prepare. What mistakes should you avoid? How should you address and greet your colleagues? Knowing the answers to these questions will make you feel more confident when the time comes. But most of all, remember that a little goes a long way. Your guests will appreciate your efforts to make them feel welcome and comfortable. People are, for the most part, kind and understanding, so if you make some mistakes along the way, don't worry too much. Most people are keen to share their culture with others, so your guests will be happy to explain various practices to you.

You might find that, in your line of work, you are expected to travel internationally. When you visit a country that is different from your own, you might experience culture shock. Defined as "the feeling of disorientation experienced by someone when they are suddenly subjected to an unfamiliar culture, way of life, or set of attitudes" (OxfordDictionaries.com, 2015), it can disorient us and make us feel uncertain when we are in an unfamiliar cultural climate. Have you ever visited a new country and felt overwhelmed by the volume of sensory information coming at you? From new sights and smells to a new language and unfamiliarity with the location, the onset of culture shock is not entirely surprising. To mitigate this, it helps to read as much as you can about the new culture before your visit. Learn some of the language and customs, watch media programs from that culture to familiarize yourself, and do what you can to prepare. But remember not to hold the information you gather too closely. In doing so, you risk going in with stereotypes. As shown in the figure above, going in with an open attitude and choosing to respond to difficulties with active listening and non-judgmental observation typically leads to building rapport, understanding, and positive outcomes over time.

A Changing Worldview

One helpful way to develop your intercultural communication competence is to develop sensitivity to intercultural communication issues and best practices. From everything we have learned so far, it may feel complex and overwhelming. The Intercultural Development Continuum is a theory created by Mitchell Hammer (2012) that helps demystify the process of moving from monocultural approaches to intercultural approaches. There are five steps in this transition, and we will give a brief overview of each one below.

The first two steps out of five reflect monocultural mindsets, which are ethnocentric. As you recall, ethnocentrism means evaluating other cultures according to preconceptions originating in the standards and customs of one's own culture

People who belong to dominant cultural groups in a given society or people who have had very little exposure to other cultures may be more likely to have a worldview that's more monocultural according to Hammer (2009). But how does this cause problems in interpersonal communication? For one, being blind to the cultural differences of the person you want to communicate with (denial) increases the likelihood that you will encode a message that they won't decode the way you anticipate, or vice versa.

For example, let's say culture A considers the head a special and sacred part of the body that others should never touch, certainly not strangers or mere acquaintances. But let's say in your culture people sometimes pat each other on the head as a sign of respect and caring. So you pat your culture A colleague on the head, and this act sets off a huge conflict.

It would take a great deal of careful communication to sort out such a misunderstanding, but if each party keeps judging the other by their own cultural standards, it's likely that additional misunderstanding, conflict, and poor communication will transpire.

Conclusion

The ability to communicate well between cultures is an increasingly sought-after skill that takes time, practice, reflection, and a great deal of work and patience. This chapter has introduced you to several concepts and tools that can put you on the path to further developing your interpersonal skills to give you an edge and better insight in cross-cultural situations.

参考文献

一、中文著作

[1] 陈坤林. 中西文化比较 [M]. 北京：国防工业出版社，2012.

[2] 陈文殿. 全球化与文化个性 [M]. 北京：人民出版社，2009.

[3] 陈炎. 文明与文化 [M]. 济南：山东大学出版社，2006.

[4] 戴晓东. 跨文化交际理论 [M]. 上海：上海外语教育出版社，2011.

[5] 关世杰. 跨文化交流与国际传播研究第一卷 [C]. 北京：中国社会科学出版社，2011.

[6] 桂翔. 文化交往论 [M]. 北京：人民出版社，2011.

[7] 哈经雄. 民族教育学通论 [M]. 北京：教育科学出版社，2001.

[8] 黄志成. 国际教育新思想新理念 [M]. 上海：上海教育出版社，2009.

[9] 乐黛云. 跨文化对话（1-7，14，18辑）[G]. 上海：上海文化出版社，1999，2000，2001，2004.

[10] 乐黛云. 跨文化对话（28，29，30辑）[G]. 北京：生活·读书·新知三联书店，2011，2012，2013.

[11] 李雯等. 教育国际化——学校发展新视野 [M]. 北京：中国人民大学出版社，2013.

[12] 梁廷枏. 夷氛闻记（卷5）[M]. 邵循正，点校. 北京：中华书局，1959.

[13] 林惠祥. 文化人类学 [M]. 上海：上海古籍出版社，2013.

[14] 吕行. 言语沟通学概论 [M]. 北京：清华大学出版社，2009.

[15] 缪家福. 全球化与民族文化多样性 [M]. 北京：人民出版社，2005.

[16] 戚万学. 道德教育的文化使命 [M]. 北京：教育科学出版社，2010.

[17] 钱存训. 东西文化交流论丛 [M]. 北京：商务印书馆，2009.

[18] 刘丽丽，德国移民子女教育研究 [M]. 北京：中国社会科学出版社，2009.

[19] 苏国勋. 全球化：文化冲突与共生 [M]. 北京：社会科学文献出版社，2006.

[20] 孙洪斌. 文化全球化研究 [M]. 成都：四川大学出版社，2009.

[21] 唐汉卫. 全球化、文化变革与学校道德教育的文化使命 [M]. 济南：山东人民出版社，2011.

[22] 腾星. 多元文化教育——全球多元文化社会的政策与实践 [M]. 北京：民族出版社，2009.

[23] 王辉. 全球化、英语传播与中国的语言规划研究 [M]. 北京：社会科学文献出版社，2015.

[24] 魏源. 魏源集 [M]. 北京：中华书局，1976.

[25] 王铭铭. 西方人类学思潮十讲 [M]. 桂林：广西师范大学出版社，2005.

[26] 于民. 中西互补与人类思维革命 [M]. 北京：文化艺术出版社，2013.

[27] 于沛. 经济全球化和文化 [M]. 北京：中国社会科学出版社，2012.

[28] 张世英.中西文化与自我 [M].北京：人民出版社，2011.

[29] 张旭东.全球化时代的文化认同 [M].北京：北京大学出版社，2006.

[30] 赵汀阳.现代性与中国 [M].广州：广东教育出版社，2000.

[31] 中共中央马恩列斯著作编译局，马列部，教育部社会科学研究与思想政治工作司.马克思主义经典著作选读 [M].北京：人民出版社，1999.

[32] 中华孔子学会，云南民族学院.经济全球化与民族文化多元发展 [G].北京：社会科学文献出版社，2003.

[33] 朱旭东.全球化历史进程与中国社会主义文化 [M].贵阳：贵州人民出版社，2002.

二、中文译著

[34] 阿尔君·阿帕杜莱.消散的现代性：全球化的文化维度 [M].刘冉，译.上海：上海三联书店，2012.

[35] 克利福德·格尔兹.文化的解释 [M].韩莉，译.南京：译林出版社，2008.

[36] 爱德华·霍尔.超越文化 [M].何道宽，译.北京：北京大学出版社，2010.

[37] 艾瑞克·克莱默.全球化语境下的跨文化传播 [M].刘杨，译.北京：清华大学出版社，2015.

[38] 班克斯.文化多样性与教育：基本原理、课程与教学 [M].荀渊，译.上海：华东师范大学出版社，2009.

[39] 戴维·赫尔德.全球大变革：全球化时代的政治、经济与文化 [M].杨雪冬，译.北京：社会科学文献出版社，2001.

[40] 克洛德·列维-施特劳斯.结构人类学第二卷 [M].俞宜孟，译.上海：上海译文出版社，1999.

[41] F.詹姆逊.文化转向 [M].胡亚敏，译.北京：中国社会科学出版社，2000.

[42] 杰里·D.穆尔.人类学家的文化见解 [M].欧阳敏，译.北京：商务印书馆，2009.

[43] 弗雷德里克·詹姆逊.全球化的文化 [M].马丁，译.南京：南京大学出版社，2002.

[44] 海伦·斯宾塞-欧迪.跨文化交际：跨文化交流的多学科方法 [M].伍巧芳，译.北京：北京大学出版社，2012.

[45] 杰里·D.穆尔.人类学家的文化见解 [M].欧阳敏，译.北京：商务印书馆，2009.

[46] 凯瑟琳·加洛蒂.认知心理学：认识科学与你的生活 [M].吴国宏，译.北京：机械工业出版社，2015.

[47] 露丝·本尼迪克特.文化模式 [M].王炜，译.北京：三联书店，1992.

[48] L.斯维德勒.全球对话的时代 [M].刘利华，译.北京：中国社会科学出版社，2006.

[49] 陆建非.多元文化交融下的现代教育研究 [C].上海：上海三联书店，2014.

[50] 罗伯特·F.墨菲.文化与社会人类学引论 [M].王卓君，译.北京：商务印书馆，2009.

[51] 罗杰·金等.全球化时代的大学 [M].赵卫平，译.杭州：浙江大学出版社，2008.

[52] 罗兰·罗伯森.全球化：社会理论和全球文化 [M].梁光严，译.上海：上海人民出版社，2000.

[53] 埃米尔·涂尔干. 社会分工论 [M]. 渠东，译. 北京：三联书店，2000.

[54] 布迪厄. 文化资本与社会炼金术 [M]. 包亚明，译. 上海：上海人民出版社，1997.

[55] 米勒. 文明的共存 [M]. 郜红译. 北京：新华出版社，2002.

[56] N Ken Shimahara. 全球视野——教育领域中的族群性种族和民族性 [M]. 腾星，译. 北京：民族出版社，2010.

[57] O.B. 古卡连科. 多元文化教育的理论与实践 [M]. 诸惠芳，译. 北京：人民教育出版社，2012.

[58] 乔尔·科特金. 全球族：新全球经济中的种族、宗教与文化认同 [M]. 王旭，译. 北京：社会科学文献出版社，2010.

[59] 乔纳森·弗里德曼. 文化认同与全球性过程 [M]. 郭建如，译. 北京：商务印书馆，2003.

[60] R. 罗伯森. 全球化社会理论与全球文化 [M]. 梁光严，译. 上海：上海人民出版社，2000.

[61] 约翰·特纳. 自我归类论 [M]. 杨宜音，译. 北京：中国人民大学出版社，2011.

[62] 萨姆瓦. 跨文化传通 [M]. 陈南，译. 北京：生活·读书·新知三联书店，1988.

[63] 塞缪尔·亨廷顿. 文明的冲突与世界秩序的重建（修订版）[M]. 周琪，译. 北京：新华出版社，2010.

[64] 塞缪尔·亨廷顿. 文化的重要作用：价值观如何影响人类进步 [M]. 程克雄，译. 北京：新华出版社，2010.

[65] 塞缪尔·亨廷顿. 全球化的文化动力 [M]. 康敬贻，译. 北京：新华出版社，2004.

[66] UNESCO. 保护和促进文化表现形式多样性公约 [R]. 巴黎：2005.

[67] UNESCO. 关于为了国际理解、国际合作、国际和平的教育和人权以及基本自由教育的建议 [R]. 巴黎：1974.

[68] UNESCO. 教育——财富蕴藏其中 [M]. 联合国教科文组织总部中文科，译. 北京：教育科学出版社，1996.

[69] UNESCO. 世界报告：着力文化多样性与文化间对话提要 [R]. 巴黎：2009.

[70] UNESCO. 全球教育发展的历史轨迹——联合国教科文组织国际教育大会建议书专集 [C]. 赵中建，译. 北京：教育科学出版社，2005.

[71] UNESCO. 全球教育发展的研究热点：90 年代来自联合国教科文组织的报告 [R]. 赵中建，选编. 北京：教育科学出版社，1999.

[72] 联合国教科文组织国际教育局. 全球教育发展的历史轨迹：国际教育大会 60 年建议书 [R]. 赵中建，译. 北京：教育科学出版社，1999.

[73] （德）哈贝马斯. 交往与社会进化 [M]. 张博树，译. 重庆：重庆出版社，1989.

[74] 星野昭吉. 全球政治学——全球化进程中的变动、冲突、治理与和平 [M]. 刘小林，译. 北京：新华出版社，2000.

[75] （德）孔汉思 库舍尔. 全球伦理 [M]. 何光沪，译. 成都：四川人民出版社，1997.

[76] 约翰·汤姆林森. 全球化与文化 [M]. 郭英剑，译. 南京：南京大学出版社，2002.

[77] （美）菲利普・李・拉尔夫 . 世界文明史 [M]. 赵丰，罗培森 等，译 . 北京：商务印书馆，1998.

三、学位论文

[78] 张立保 . 全球化视域中文化的冲突与融合 [D]. 延安：延安大学硕士论文，2009.

[79] 王薇 . 德国学校的跨文化教育 [D]. 上海：华东师范大学硕士论文，2013.

[80] 赵佳佳 . 欧盟跨文化教育政策研究 [D]. 上海：华东师范大学硕士论文，2015.

[81] 姜亚洲 . 跨文化教育的理论与实践研究 [D]. 上海：华东师范大学博士论文，2015.

[82] 宋隽 . 全球化时代的跨文化教育研究 [D]. 济南：山东师范大学博士论文，2017.

四、中文期刊类

[83] 陈庆祝 . 全球化时代文化身份的构建——兼谈中国文化身份问题 [J]. 理论学刊，2008，11：41-43.

[84] 陈艳波 . 从文化自觉看中国—东盟的文化共生 [J]. 贵州大学学报（社会科学版），2013，31（6）：38-42.

[85] 陈正 . 德国跨文化教育的发展及对中国的启示 [J]. 高线教育管理，2011，5（2）：53-58.

[86] 邓琪 . 中外合作办学跨文化教育研究 [J]. 重庆大学学报（社会科学版），2008，14（4）：140-144.

[87] 范丽军 . 文化互补与融合视角下的语言耗损研究 [J]. 哈尔滨师范大学社会科学学报，2015，2：90-92.

[88] 费孝通 . 反思・对话・文化自觉 [J]. 北京大学学报（哲学社会科学版），1997，3：15-22.

[89] 封海清 . 从文化自卑到文化自觉——20 世纪 20 ～ 30 年代中国文化走向的转变 [J]. 云南社会科学，2006，5：34-38.

[90] 冯永刚 . 制度安排：多元文化背景下道德教育的题中要义 [J]. 外国教育研究，2011，38（9）：70-75.

[91] 韩亚文 . 中外合作办学视野下的跨文化教育探究 [J]. 江苏高教，2012，4：110-111.

[92] 韩震 . 论国家认同、民族认同及文化认同——一种基于历史哲学的分析与思考 [J]. 北京师范大学学报（社会科学版），2010，1：106-113.

[93] 何星亮 . 中华民族文化的多样性、同一性与互补性 [J]. 思想战线，2010，1：1-5.

[94] 何星亮 . 文化交流与文化的繁荣发展 [J]. 重庆社会科学，2010，12.

[95] 胡召音 . 全球化进程中中西价值观念的融合与冲突 [J]. 武汉理工大学学报（社会科学版），2005，18（2）：157-160.

[96] 黄志成 . 跨文化教育：一个新的重要研究领域 [J]. 比较教育，2013，35（9）：1-6.

[97] 黄志成 . 跨文化教育——国际教育新思潮 [J]. 全球教育展望，2007，36（11）：58-64.

[98] 姜峰 . 法国移民子女教育政策述评 [J]. 外国教育研究，2011，5.

[99] 孔婧倩 . 德国移民电影作为跨文化教育的媒介 [J]. 德语人文研究，2014，1：33-39.

[100] 雷玉琼 . 大学文化建设的国际借鉴 [J]. 外国教育研究，2008，35（6）：88-91.

[101] 李芳.论后现代建构主义心理学中蕴含的整合意识 [J].牡丹江师范学院学报（哲社版），2008，6：118-119.

[102] 李兆瑞.跨文化交际中的文化身份 [J].科技信息，2011，4：138-138.

[103] 刘丽丽.德国移民教育政策评析 [J].理论前沿，2005，21：36-37.

[104] 刘双.文化身份与跨文化传播 [J].外语学刊，2000，1：87-91.

[105] 鲁子问.国外跨文化教育实践案例分析 [J].外国教育研究，2002，29（10）：61-64.

[106] 鲁子问.试论跨文化教育的实践思路 [J].教育理论与实践，2002，22（4）：1-7.

[107] 钱存训.欧美各国所藏中国古籍简介 [J].图书馆学通讯，1987，4.

[108] 钱存训.近世译书对中国现代化的影响 [J].文献，1986，2：181-181.

[109] 任裕海.跨文化教育的超越之维——全球化视域下超文化能力的发展路径 [J].教育理论与实践，2014，34（11）：8-12.

[110] 幸强国.互补是对立统一规律的基本表现形式 [J].四川师范大学学报（社会科学版），1994，21（2）：32-35.

[111] 于语和.试论近代中西文化交流的特点 [J].郑州大学学报（哲学社会科学版），1995，（1）：36-40.

[112] 于喆.德国跨文化教师教育改革的发展与新动向 [J].东北师大学报（哲学社会科学版），2014，6：207-211.

[113] 赵萱.历史述评：联合国教科文组织和跨文化教育实践 [J].现代教育科学，2011，1：51-52.

[114] 汪田霖.全球化与文化价值观 [J].学术研究，2002，（6）：65-69.

[115] 王长纯."和而不同"：比较教育研究的哲学与方法（论纲）[J].比较教育研究，2009，4：1-7.

[116] 王建民.多元文化发展中的民族教育 [J].青海师范大学学报（哲学社会科学版），2006，4：118-121.

[117] 王军.世界跨文化教育理论流派综述 [J].民族教育研究，1999，3：66-73.

[118] 王军.德国的跨文化教育 [J].民族教育研究，1997，2：66-73.

[119] 王攀攀.论比较教育的多元文化主义研究范式及其选择 [J].福建师范大学学报（哲学社会科学版），2011，1：110-115.

[120] 王友良.建构主义理论与高校学生中西文化素质的培养 [J].河南理工大学学报（社会科学版），2009，1：135-156.

[121] 谢晓娟.意识形态在文化全球化背景下面临的新挑战 [J].中国特色社会主义研究，2002，4：39-42.

[122] 许国彬.加强大学生跨文化教育培养国际通用型人才——大学生跨文化素质培养模式的研究与实践 [J].国家教育行政学院学报，2009，1：3-5.

[123] 许明龙.中国古代文化对法国启蒙思想家的影响 [J].世界历史，1983，1.

[124] 徐斌艳.跨文化教育发展阶段与问题研究 [J].比较教育，2013，9.

[125] 费勇，林铁. 文化研究的人类学面向 [J]. 中央民族大学学报（哲学社会科学版），2013（40-2）：77-83.

[126] 杨建伟. 欧洲的跨文化教育 [J]. 中国德育，2009，8.

[127] 杨丽宁. 国际理解教育——学会理解与共存的教育 [J]. 基础教育参考，2003，1：62-64.

[128] 杨玉明. 文化全球化背景下跨文化身份的建构 [J]. 杭州电子科技大学学报（社科版），2009，4：46-49.

五、外文著作

[129] Anwei Feng. Becoming Interculturally Competent through Education and Training [M]. Shanghai：Shanghai Foreign Language Education Press，2014.

[130] Brick J. China：A Handbook in Intercultural Communication [M]. Sydney：NCELTR，1991.

[131] Christina Bratt Paulston. The Handbook of Intercultural Discourse and Communication [M]. Hoboken：Wiley-Blackwell，2014.

[132] Claire Kramsch. Language and Culture[M]. Shanghai：Shanghai Foreign Language Education Press，2000.

[133] Clark. Globalization and International Relations Theory [M]. Oxford：New York Oxford University Press，1999.

[134] Davis L. Doing Culture—Cross-Cultural Communication in Action [M]. Beijing：Foreign Language Teaching and Research Press，2001.

[135] Droit. Humanity in the Making：Overview of the Intellectual History of UNESCO 1945-2005 [M]. Paris：UNESCO，2005.

[136] Geof Alred. Intercultural Experience and Education [M]. Shanghai：Shanghai Foreign Language Education Press，2014.

[137] Hofstede，G，Culture's consequences：Comparing Values，Behaviors，Institutuions and Organizations Across Nations（Second Edition）[M]. Shanghai：Shanghai Foreign Language Education Press，2008.

[138] Helen Spencer-Oatey. Intercultural Interaction：A Multidisciplinary Approach to Intercultural Communication [M]. London：Palgrave Macmillan，2009.

[139] J Banks. Multicultural Education in Western Societies [M]. New York：Praeger，1987.

[140] J Banks. An Introduction to Multicultural Education [M]. Boston：Allyn and Bacon，1994.

[141] Jagdish S Gundara. The Case for Intercultural Education in a Multicultural World [M]. Cincinnati：Mosaic Press，2014.

[142] Kenneth Cushner. International Perspectives on Intercultural Education [C]. Abingdon-on-Thames：Routledge，1998.

[143] Larry A Samovar. Communication between Cultures [M]. Beijing：Peking University Press，2004.

[144] Michael Byram. From Foreign Language Education to Education for Intercultural Citizenship Essays and Reflections [M]. Shanghai：Shanghai Foreign Language Education Press，2014.

[145] Michael W Apple. Global Crises，Social Justice，and Education [M]. Abingdon：Routledge Press，2009.

[146] R Arora. Multicultural Education：towards good Practice [M]. London：Routledge and Kegan Paul，1986.

[147] Samovar L A. Communication between Cultures [M]. Beijing：Beijing Foreign Language Teaching and Research Press，2004.

[148] Simon Marginson. Ideas for Intercultural Education [M].London：Palgrave Macmillan，2011.

[149] Stella Ting-Toomey. Understanding Intercultural Communication [M]. Oxford：Oxford University Press（Sd），2004.

[150] Tomalin B. Cultural Awareness [M]. Oxford：Oxford University Press，1993.

[151] Holliday A. Intercultural Communication and Ideology [M]. London：The SAGE Publications，2013.

[152] Zhu Hua. Research Methods in Intercultural Communication：A Practical Guide [M]. Hoboken：Wiley- Blackwell，2016.

六、外文期刊类

[153] Agostino Portera. Intercultural education in Europe：epistemological and semantic aspects [J]. Intercultural Education，2008，19（6）：481–491.

[154] John Clay. Intercultural Education：a Code of Practice for the twenty-first Century [J]. European Journal of Teacher Education，2000，23（2）：203-211.

[155] Kaplan R. Cultural Thought Patterns in Intercultural Education [J]. Language Learning，1966，16（1-2）：1-20.

[156] Klara Ermenc. Limits of the Effectiveness of Intercultural Education and the Conceptualization of School Knowledge [J]. Intercultural Education，2005，16（1）：41-55.

[157] Prue Holmes. Negotiating Differences in learning and intercultural communication：Ethic Chinese Students in a New Zealand University [J]. Business Communication Quarterly，2004，67（3）：294-307.

[158] Straub H. Designing a Cross-Cultural Course [J]. English Forum，1999，37（3）.

[159] Wilson Angene H. Conversation Partners：Helping Students Gain Global Perspective through Cross-Cultural Experiences [J]. Theory into Practice，1993，32（1）：21-26.

七、其他资源

[160] 书写共建人类命运共同体的战"疫"篇章——记习近平主席推动新冠肺炎疫情防控国际合作 [N]. 人民日报海外版，2020.

[161] 李从军. 构建世界传媒新秩序 [N]. 华尔街日版，2011，6（1）：1.

[162] 江泽民. 在亚太经合组织领导人非正式会上发表讲话——对亚太经济合作的未来提出五项原则建议 [N]. 人民日报，1994，11（16）：1.

[163] President Khatami's Speech at Florence University[OL]. （1999-3-10）[2024-4-28]. http：//www.dialoguecentre.org.

[164] 汤一介. 谈中西文化的互补性 [OL]. http：//www.aisixiang.com/data/53475.html.

[165] 新华社. 推动共建丝绸之路经济带和21世纪海上丝绸之路的愿景与行动 [OL].（2015-3-28）[2024-4-28]. http：//news.xinhuanet.com/finance/2015-03/28/c_1114793986.htm.

[166] 与牛津大学校长对话畅谈教育全球化 [OL]. http：//www.prnasia.com/story/91344-1.shtml.

[167] 中国文化遗产研究院中国世界文化遗产中心相关资料 [OL]. https：//www.wochmoc.org.cn/contents/28/576.html

[168] 明清时期虽闭关锁国但中国文化不断传到西方，引发一阵中国热，相关资料 [OL]. https：//cj.sina.com.cn/articles/view/6093535129/16b33f799001013h8t

[169] 王蔷，葛晓培. 英语课标（2022年版）：突破有"语言"无"文化"的教学窘境 [J/ OL]. 中小学管理，2022，6. https：//mp.weixin.qq.com/s?__biz=MzA5OTIyMTIyMw==&mid=2655322921&idx=1&sn=545a03566859d5ca807ba5fd5937907c&chksm=8b3408a1bc4381b7d861a3b3c7e32cf86a76a6c8360462a5648c690ab7a53a6e38d366a71b8a&scene=27